# 西洋服裝史

蔡宜錦　編著

全華圖書股份有限公司

# 目錄
# Contents

# Contents

# 第一章

# 地中海沿岸<br>古文明區服飾

# 第一節　埃及古代服飾

古埃及文明歷時數千年，曾經有著輝煌的文化成就。就連西方文明的源頭希臘和羅馬雖曾統治過埃及，也深受埃及文化的影響。埃及的藝術創作受到宗教的影響，其服飾呈現必須遵守規定，順應製作年代的宗教、審美及生活特質而作表現。古埃及由於缺乏史書的記載，對於古埃及的斷代，仍有許多不同意見 埃及雖然有悠久的歷史，但是一直沒有史書的著作。直到大約西元前 304 年，希臘將軍托勒密自立爲王之後，才要求埃及的祭司兼學者馬內托（Manetho）寫了一部「埃及史」（西元前 280 年）中可知埃及經歷了 30 個王朝，每一個王朝代表一個家族世襲體系。不幸的是，這部當時最完整的埃及史在西元前 47 年，凱撒大帝進攻埃及的時候，連同亞歷山大城圖書館中其他數十萬冊古埃及文字的經卷付之一炬。幸好當時有些其他著作引用了這本書的一些內容，我們才能知道古埃及歷史的一些片段。此外從出土的考古資料亦可獲知古埃及，如中國各朝代一般，是以國王名號爲紀年的依據，這樣的資料讓歷史學者很難正確的劃分埃及王朝及其演變的時間。直到目前，埃及學者仍然大致沿用馬內托對埃及史的劃分，但是對許多歷史事件的確實年代，仍然不清楚，對於古埃及史的斷代，也有不同的意見（附錄一，表 1-1）。

埃及地處非洲的東北角，和阿拉伯半島之間與紅海相隔，北臨地中海，亞洲西南端的西奈半島亦爲她的領土，總面積達 100,000 平方公里。埃及最重要的河流——尼羅河，爲世界上最長的大河之一，由南至北縱貫全境，尼羅河孕育了古埃及文明。古埃及王國是世界上五大文明古國之一，埃及人的祖先在新石器時代晚期，大約 7000 多年前，就分別在上埃及（尼羅河河谷）和下埃及（尼羅河三角洲）建立相當有規模的聚落。由 7000 多年前到大約 5000 年前，漸漸發展成一個國家，早在距今六千年前其生產力已處於金石並用的時代，當時社會形態也已由氏族社會過渡到奴隸社會。生活在尼羅河畔的人大都是農民，他們以大麥、小麥等穀物爲主食，也吃禽類和牛肉，同時人民也會出外捕食尼羅河的各種魚類。婦女會製作啤洒和麵包（古埃及人很早就知道如何釀造啤酒和葡萄酒），也會一起織布，埃及人很早就知道織布及染色的技巧。

埃及以孟斐斯（Memphis，即現今的開羅）爲界，以尼羅河上游地區稱爲上埃及（Upper Egypt 即開羅以南），氣候乾燥；下游地區爲下埃及（Lower Egypt）。

上、下埃及兩個王國的建立爲古埃及的文明和發展奠定了基礎。西元前 3000 年左右，上埃及征服了下埃及，建立了埃及歷史上第一個統一王朝，這是埃及的統一及由之而來的早王朝時期的開端，發生在前 3100 年左右。在那時之前，統治著上下埃及的分別爲兩個不同的政權。但統一對埃及的未來至爲重要，那是因爲埃及爲了對灌溉工程進行集中管理，爲了確保尼羅河全線航運的暢通，必須有一個統一的政府。

據傳統說法，完成埃及統一事業的是一位來自南方上埃及的武士，他叫美尼斯（又稱納莫），是第一位把北至尼羅河三角洲的整個埃及都置於自己控制之下的國王，當了第一名法老，配雙重王冠（象徵上下埃及統一，如圖 1-1 的法老），日後歷經 30 個王朝，至西元前 525 年被波斯所滅，歷史上稱這一段歷史爲古埃及時期。據分析，古埃及人可能是一支已滅絕的地中海民族，不是白種人及黑種人，雖有這樣的判斷，但是對於他們的屬性至今仍未清楚。古埃及文明雖有深遠的歷史，可惜自羅馬時期之後漸被湮沒，不久之後，這個文明已經完全被終止了，連同相關的文字典章也沒有保留下來，今天所知有關埃及的事蹟，大體是埃及學者

圖 1-1　爲「卡那克一地塞努斯雷特一世白禮拜堂的浮雕（局部）」。據傳統上埃及爲白色高大的王冠，外型很像一個立柱；下埃及爲紅色平頂柳條編織的王冠，冠頂後側向上凸起，也呈細高的立柱形。圖左的王冠爲雙重王冠，象徵上下埃及統一；圖右的王冠爲下埃及的王冠。

圖 1-2　爲「霍倫赫布與女神彩繪浮雕」（第十八王朝），男女人物以不同的傳統手法刻劃，藉以凸顯男女生理結構的差異也顯示社會角色的不同。男子通常是作行走狀，女子是立姿，意味男子扮演較主動的角色。女子膚色較白，以表示居家爲主的生活形態。

根據文物及一套自訂的解碼規法來破解文字中的秘密而撰寫的。埃及歷史一般以1798年拿破崙入侵爲界，大體可分爲古代中世紀和近現代兩大階段。

古代埃及人認爲「現實生活是虛幻的，來世生活才是眞實的」這樣的宗教觀，也表現在他們的服裝上。國王和貴族的衣著是簡單素樸的（如圖1-2），從出土的文物紀錄中可知亞麻是埃及主要的衣料來源。另外、從埃及人的雕塑作品可看到一個普遍的現象，男性衣著較有硬挺度，而女性的衣料往往貼在身上、透明且曲線清晰。由此可推論男性的衣料較女性衣料厚，而能貼服身體曲線的布料應是輕薄的，並且其組成的紗線是非常細緻的。亞麻布的使用、古王國時期以中厚布料爲主，中王國時期與古王國時期相近，新王國時期則以透明的薄紗布料爲主。

## 一、古王國時代

### (一)國王貴族服飾

西元前2900年出現在尼羅河流域的納莫（Narmer，人名），可能就是傳說中的美尼斯（埃及的武士），他成功的統一了上、下埃及。後來他自立埃及的第一王朝。由於他身居一國之首的地位，納莫的權力至高無上，在他的服裝和配飾上充分顯示出這一點。最明顯的是納莫的冠式，他有權享用兩頂王冠，即上埃及王冠和下埃及王冠。上埃及的王冠爲白色，其高大的外形很像一個立柱；下埃及的王冠是用柳條編織的紅色平頂王冠，冠頂後側向上凸起，形成後高前低的立柱形（圖1-3）。

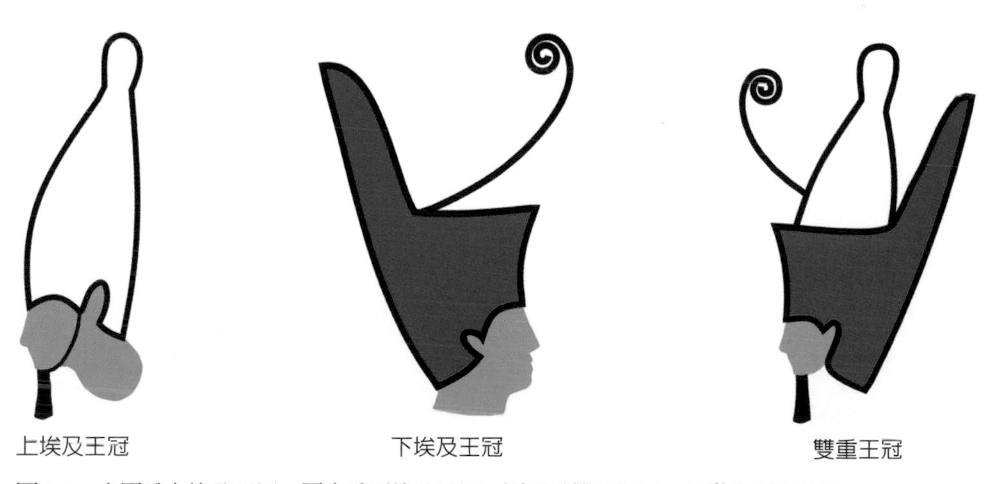


圖1-3　上圖爲上埃及王冠；圖中爲下埃及王冠，圖下爲雙重王冠，象徵上下埃及統一。

我們觀察古埃及王朝遺留下來的一系列雕像可以證實三角裙的逐漸演變。在古王國時期，三角裙一直是貴族的服飾（圖 1-4）。再觀察其他同期雕像上的衣著，腰布裙上有著條形或方格式的圖案，從圖案的組織形式可以看出是由纖維織造而形成的腰布裙；其外形輪廓清晰，交叉成不同的角度。從而形成不同的款式。由此便不難理解，古埃及的服飾是由一整塊布料經纏裹身體後自然成型的。早期的腰布裙多呈三角形造型，有的腰布裙從每個角度觀看，裙子的各個部位都呈三角形，好像一座金字塔。這很可能是一種信仰在服裝上的體現，或是因爲布料纖維僵硬、不易彎曲的緣故。方形的編織束帶，以及其末端凸起的垂片正是這種腰布裙不可缺少的裝飾品。盛裝時的腰布裙兩端成圓形，前身略有重疊，所以束帶上凸起的垂片清晰可見，成爲服裝的一部分，整體和諧平衡，與服裝融爲一體（圖 1-5）。

圖 1-4　三角形腰布裙，此圖爲「托莫斯四世墓壁畫」。

這種腰布裙在腰間常形成許多的活褶，長度至膝。在埃及古王國時期，有資格身著這樣腰布裙的僅限於王室貴族。

三角腰布裙在後期有了明顯的變化，首先是腰布裙明顯加長了。美索不達米亞博物館內有一座木雕人物像，身穿的腰布裙幾乎長至腳踝；其次是裙形已不見正三角形，裙子下擺自然下垂，呈 A 字形輪廓，裙子的樣式發生了較大的變化（圖 1-6）。

### 頭髮
古代埃及人為了維持清潔，會將頭髮剃除戴上由亞麻、毛條及人髮等製作的假髮。

### 化妝
古代埃及女性十分重視裝扮，尤其強調眼線的勾畫。

### 裸露胸部
古代埃及的女子是可以坦露胸部的。

### 頸項
是領片一樣披掛在肩頸上，由珠寶、珍石或陶瓷製作而成，常見是寬大的造型。

### 筒型貼身長衣
亞麻材質，貼身的設計讓身體曲線展現無遺。

### 手飾品
埃及人非常喜愛在身上、手上等地方穿戴許多的裝飾品。

### 裸足
古埃及人大多是不穿鞋子的。

### 服飾表現階級
除了埃及王妃及貴族之外，一般平民穿著腰裳，有時會加上罩衫，至於階級低下的女僕或奴隸，主要穿可遮住陰部大小的布塊，幾乎全裸。由此可見從古代埃及人所穿的服飾裝扮，能了解其身分地位。

### 聖蛇裝飾
法老王與王妃所配戴的頭冠，經常是以簡單的蛇造型為裝飾。

### 假髮
由於埃及氣候炎熱，在重視衛生的觀念下，不分階級與性別，所有的人都有剃髮的習慣，富有人使用人髮、羊毛集棕櫚葉纖維等素材製作成假髮，下階層的人則使用毛氈所製成。

### 飾帶
纏繞在腰部的裝飾帶片。

### 涼鞋
一般埃及人是打赤腳的，然而上流階層者會穿著涼鞋，主要是以裝飾著金銀珠寶的軟質皮革製成或採用棕櫚葉編織而成的涼鞋，並於其上加於塗料。

### 腰裙
古埃及及男士所穿著的腰布裙。

### 埃及長罩衣
使用薄紗布料，並在衣襬處以流蘇裝飾形成的罩衫，男女性的穿著方式不同。

### 領飾
自古埃及時代，便有今日稱衣領的原型物件，類似現在我們稱之為異國風味的頸飾。

### 腰衣設計
古埃及時代在不同時期的法老王的衣飾，大致上沒有太大的變化，此外埃及男性的基本服裝是由腰上纏繞成許多皺褶的腰飾裙，全身再罩上一件半透明的薄紗上衣。

圖 1-5　埃及王室貴族的穿著與裝扮。

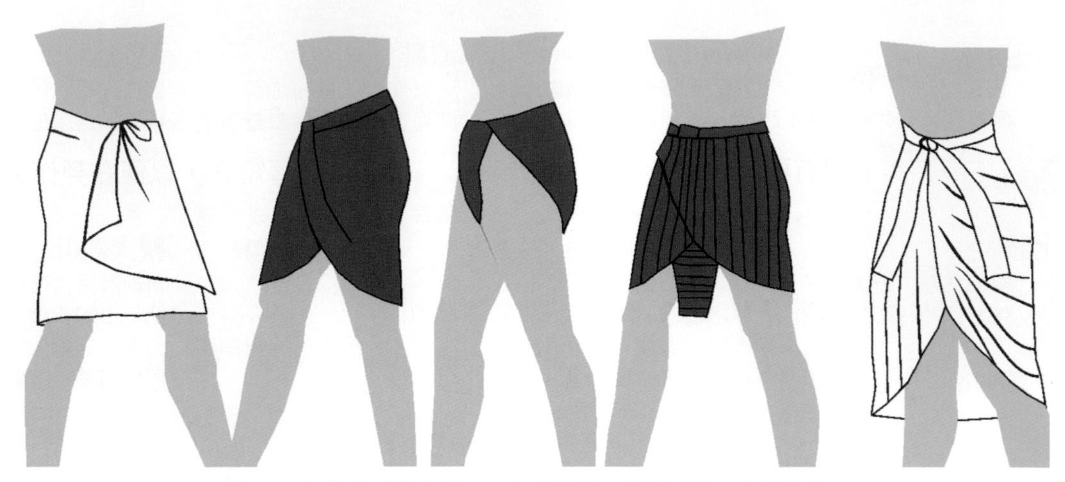

圖 1-6　早期各式腰布裙，多呈三角形，早期較短，後期略長。

## （二）普通服裝

普通勞動者身上最簡單的衣物就是一件窄小的束帶繫於胯下中央，就像我們所說的遮羞布。勞動者所穿著的這種簡單服裝並非只出於遮羞的目的。在歷史資料中許多勞動者身上的那塊布會向上捲起，掖在腰帶上，這樣工作起來更方便。穿用這種簡單服裝的人往往都是船夫、漁人和水上做工的人。

另有一種更爲簡單的服飾（圖 1-7），它是一塊繫在腰間寬約 20 ～ 25cm 的條形布，穿時從後向前兜住臀部，布的兩端繫於正面腰部中央。同這種衣服外形相似的是一塊正菱形布塊，穿用時折成三角形，三角的頂點下垂於雙腿間，再用另外兩角圍腰繫緊。古埃及時期普通用於遮體的短裙樣式較多且長短不一，穿法各異，但外形多呈三角形，早期較短，後期略長。

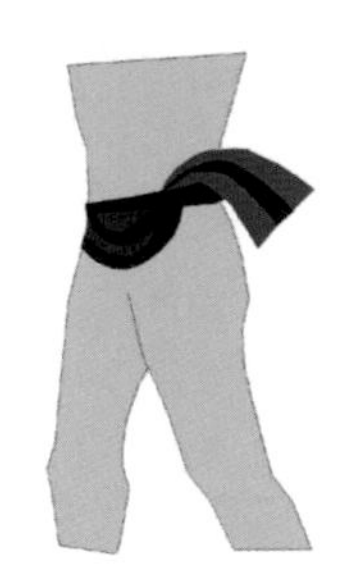
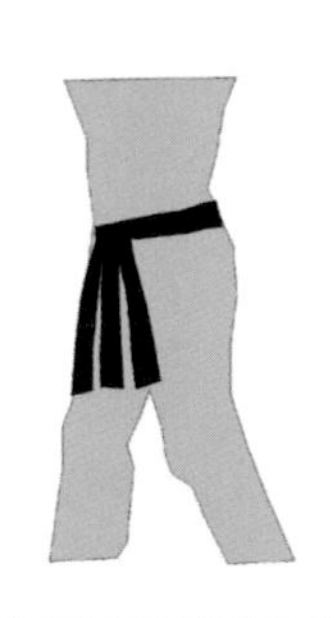
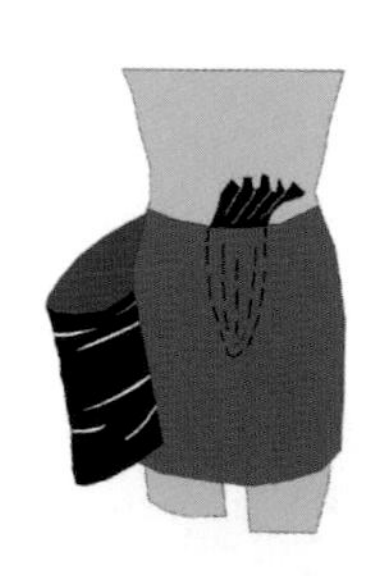

圖 1-7　古埃及時期勞動者的胯裙。

### （三）女子服裝

女子服裝要比男式服裝更簡單。所有婦女，不分階層都身穿直式長衣，貴婦多著長袍，其上端有兩塊圓錐形披肩（圖 1-8）。女僕人身著短衣，以便在勞作或侍奉主人時可以自由活動，不受任何限制。

## 二、中、新王國時代

中王國的服飾相對其他文化發展而言，並設有更多的變化，男女的著裝與古王國時期基本相同，有明顯變化的是腰裙的三角狀大大縮小，幾何形的外觀減弱，取而代之的是相對自然的人體輪廓。女子的衣著色彩較古王國時代鮮艷，緊身吊帶裙附加單條或雙條精美的肩帶，以及大型項鍊和臂、腕飾；長假髮上有蓮花或紙莎草造型頭飾，更有以羽毛編織的服裝，色彩絢麗且優雅。這些實物在今天的博物館中都可以見到（圖 1-9）。此外，中王國時期男子的腰布裙，是將長短不同的兩件腰布裙加以重疊穿著，外層較為透明。

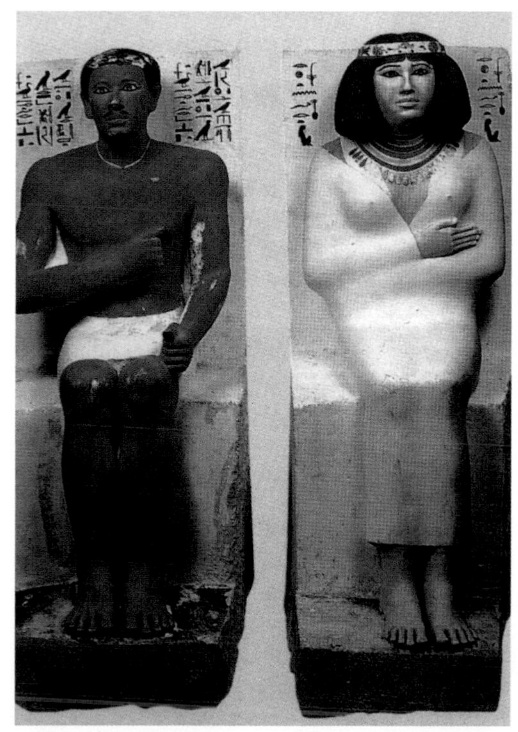

圖 1-8　為「拉荷太普石灰岩像」與「諾芙雷特石灰岩像」（古王國時期初期）。

圖 1-9　中王國時期女子肩帶式合身衣。

新王國時期（西元前 1580 ～西元前 950 年）是繁榮興盛的一個時代。從那時起，服裝出現了變化。埃及人和東方的美索不達米亞人、敘利亞人、巴基斯坦人之間不斷的往來頻繁，再加上來自敘利亞的戰利品——穿在裙外面的長袍設計，這種長袍和婦女袒胸的束胸一樣被稱爲「卡拉西里斯」（Kalasiris）（圖 1-10），這是在男子的腰裙上和女子的身體外批上寬鬆的裙子（Robe），並繫結於女子的胸部或男子的腰部附近，其腰帶垂長且分於兩側。同時還有一種稱爲「多萊帕里」（Drapery）的捲衣在男女裝中出現（圖 1-11），此種捲纏式服裝可以明顯的看到身體，其內未加穿任何內衣，透明打摺的布料將體態曲線表露無遺。至於女奴們常爲全裸，僅於臀圍之際繫上繩衣（帶），有的外加透明長裙（圖 1-12）。

這時的服裝由於使用的布是一種象徵純潔的白色亞麻布，十分細緻，以至於肉體隔衣可見。衣褶變化所造成的柔軟皺褶就像美麗的紗簾，平民和奴隸婦女很喜歡這種纏腰布，而舞蹈家卻用鑲著金子和珠子的束帶。不論男人還是女人都赤足，只有法老王和祭司配穿鞋尖向上彎曲的涼鞋，這種鞋是用紙莎草（一種植物）或皮革做的。此外，他們還在舉行大型儀式時，在衣服外面披一件豹皮。

圖 1-10　那芙蒂蒂獻花給阿肯那頓，圖中國王輕鬆自在，強風將他的袍服吹向兩側揚起，充滿動感。那芙蒂蒂的刻劃較靜態，因爲穿著 Kalasiris 袍服的透明感讓王后的雙腿隔著袍服一覽無遺，圖右爲 kalasiris 的穿著與成型方式。

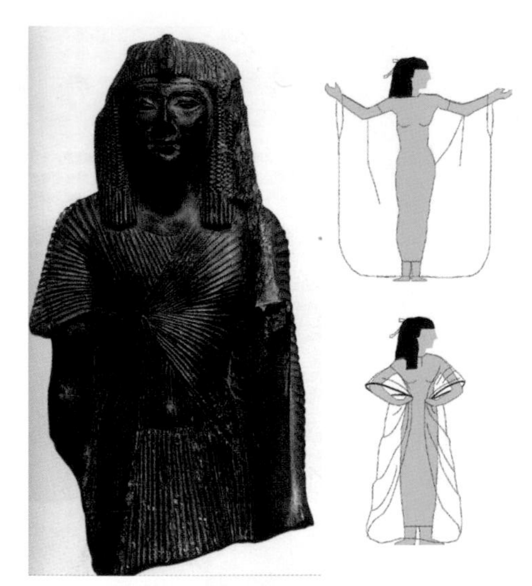

圖 1-11　穿多萊帕里的埃及女子。

圖 1-12　奴隸婦女常爲全裸（圖中間）或於臀圍之際繫上繩帶（圖左二），有的外加透明長裙（圖右）。

古埃及男女服裝款式，主要區別在於布料和飾物。衣服對於古埃及人來說並非僅僅用作保暖和遮體，強調衣服的象徵意義和價值才是當時著裝的主要目的。因此，他們常爲裸體，只在頸部、頭部或腰部作一些裝飾，或在腰、臀部繫一條布帶。這種服飾作爲最單純最原始的衣服形態，仍存在於現在的熱帶非洲和南美的亞馬遜流域未開化民族中，成爲一種原始服飾文化的現象，這種簡單的服飾被稱爲「繩衣」、「紐衣」或「腰繩」。

中期以後，女子上衣是披肩（Cape），這種上衣實際上是一種大披肩，穿著的方法與印度的裹衣很相近，從前胸纏肩一周，在胸前繫起（圖 1-13）。還有一種是將橢圓形的布在中間挖個洞，把頭套進去披在肩上。另一種是裙子（Skirt）的款式，是用長方形的布纏在腰間，在前面將布的兩頭繫起來，形成許多碎褶，類似現在的碎褶裙，成爲第十七、十八王朝的喇叭型（Trumpet）裙子（圖 1-14），使用藍白相間的布料。整體來看，古埃及服裝的形式是很少進行演變的。

圖 1-13　女子上衣是披肩和裙子分開穿著。

圖 1-14　爲第十七、十八王朝喇叭型的裙子。

古代人民的服飾常和宗教巫術分不開，這一點主要從帽子上反映出來。鍍金的蛇形裝飾物垂在法老王額前，法老王若戴著白色王冠，象徵對上埃及的統治；若戴紅色王冠，象徵對下埃及的統治；若戴雙冠則象徵兩區域的統一，通常帽子是一種上過漿的布所做成的便帽，稱爲克拉弗（Claft）（圖 1-15）。這種帽子將整個頭部包起來一直包到肩部，把耳朵也包在內。同時古埃及人也戴由各種形狀的毛氈做的無邊圓帽。從諸多出土的埃及壁畫和浮雕上所看到的后妃與神祇戴著象徵日輪和牛角的冠式，或將甲蟲和鴕鳥羽毛等奇異飾物裝飾於帽上。男子除服孝期外，都要剃鬍鬚刮臉。但是埃及的神祇則保留了鬍鬚的樣子，而法老王有權在大型儀式時戴假鬚。

埃及貴族習慣在光頭上戴一種假髮（圖 1-16）。這些假髮或用眞髮做成，或用絲或馬鬃所做成。假髮是黑色的、金色的，或其他色彩。這些假髮成了埃及貴族裝飾的重要部分，一直戴到去世爲止。埃及婦女在剃去頭頂上的頭髮後，也將假髮蓋在剃光的頭上，時髦的女子爲讓人看不出剃光的頭，就把假髮蓋過生長頭髮的部分。古埃及的男女皆戴假髮，原因之一是爲了防晒，其二則是埃及人有潔癖。男人和女人都在頭髮上放香膏球（圖 1-17），使它的香味從肩部散發出來。古埃及的小孩也把頭髮剃光，但在右鬢角還留一束頭髮。這個習俗一直保持到今天，只是留髮的位置已移到頭頂中心，被稱作阿拉髮縷（阿拉是回教的神之尊稱）。古埃及人知道用飾品來裝飾自己，這些飾品精雕細琢，型式美觀。裝飾用品來自大自然，例如：紙莎草、棗椰樹與蓮花。他們也用寶石做裝飾，婦女特別注重打扮自己，他們使用眼影膏、手鐲、瓔珞、戒指、項鍊和指甲花等來裝飾自己。對飾品的選擇與脂粉的選用和美容都是古埃及人，爲使服裝增色做的補充。但從整體對比來分析，古埃及人的衣服十分樸素，飾品則相當豪華，這也是埃及人特有的裝飾美的魅力所在。

圖 1-15　埃及一種上過漿的布做的便帽，叫克拉弗。

圖 1-16　左圖爲埃及人的假髮；右圖爲第十八王朝王妃的假髮暨頭飾。

從木乃伊墓棺（圖 1-18）裡發現的金面罩（圖 1-19）和許多金屬首飾，都說明埃及人對這些東西的喜愛。埃及人將它們看成是「神祇和太陽是永不腐敗的，以及象徵發光的肉體」。法老王賞給將軍或大臣的獎品往往就是一些金項圈和裝飾物。至於銀飾，埃及人認爲是「神祇和骨骸的本質」，因此僅用作雕像和家具的飾物。埃及貴族喜用的飾物是一種最有特點的首飾，它是一種造型華美的圓盤形金項鏈，這種項鏈戴在頸部，披散在披肩或長袍上（圖 1-20）。另外還有黃金製大型手鐲緊纏在手臂或踝骨上，同時還配有彩色珠子以及未經琢磨過的美麗寶石，如紫水晶、琥珀、石榴紅寶石、藍寶石等。對於平民婦女，當然是沒有這些飾品的，只能求助於在手臂和腿部刺花紋來替代它。

圖 1-17　男女都在頭髮上放香膏球，使香味從肩部散發。

圖 1-18　埃及「蘇堤美思之外棺」的木乃伊墓棺。

圖 1-19　第十八王朝圖坦卡門王木乃伊葬服中的金面罩。

圖 1-20　埃及貴族喜用圓盤型金項鏈，戴在頸部且披散在披肩或長袍上，新王國時期頸圈串成為法老王及貴族夫人的必要裝飾品。

使用護符的習俗深深地扎根在平民之中，並且早在古埃及就存在。古代埃及的雕像和護符形式，是以上帝和信仰的模擬品來呈現的，有時也戴在剛出生的小孩身上，例如在他頸部戴一串用 7 顆金珠、40 顆普通珠以及 7 根麻線做成的項珠。那時埃及人已經發明了玻璃，並用它製成藍色的、綠色的、紅色的、紫色的輕巧珠子，串成項鏈，或做成一些盛香料的器皿，這些器皿有些被塑成鳥或蛇的形狀。此外，埃及人大量使用香料（並用作屍體的防腐劑），洗浴後埃及人習慣用香料和香粉塗身，既衛生又美觀。

圖 1-21　「阿協布穌與塞妮尼菲」（約西元前 1450 年），微藍的假髮下是剃髮的頭顱；眼部塗黑眼線墨，使眼睛會說話並以魚的形狀向眼角延伸。

古埃及人對美的關心尤其體現在化妝上，這種美化自我的化妝需要更多的時間和技巧。他們把眼描成「烏迪亞特式」（Udiat），將眼畫成保護人類的繁殖神的眼（圖 1-21），即用銻粉畫成眉弓線，將眼四周包住，並延伸到太陽穴中心；將眼皮染上綠色、藍色或黑色；臉部則用鉛白色作底，顴骨處施上紅色，逐漸減弱到太陽穴為止。太陽穴處的靜脈用淺青色鉛筆來描塗；嘴唇染成大紅色；用散沫花（Henna）提煉染料塗抹腳趾和手指，當時古埃及人已懂得理髮、按摩和美容。

圖 1-22　涼鞋。

## 三、綜觀古埃及服裝款式及其社會意涵

古埃及社會雖然是以男性爲主的父系社會、男女衣著款式的差異極小。從觀察古埃及文物中可發現男性穿用的款式女性亦可採用，女性的筒狀長衣亦出現在男性雕像上。男女的衣著款式有腰布、筒狀束衣、罩衫及披肩等四類。男性衣著以腰布爲主，女性衣著以筒狀束衣爲主，一般都赤足，只有法老和祭司著穿涼鞋（圖 1-22）。

圖 1-23　腰布（Loin cloth）。

### (一)男性服裝

1. 腰布（Loin cloth）

腰布（圖 1-23）是古埃及男性衣著的主要款式。從出土的前王國開國君主納爾美王，到後王國的總都孟頓荷特像，腰布是必要的衣著。再者，新王國時期的男性較前王國及中王國時期的男性傾向上身有覆蓋。腰布以長短褶飾作變化並區隔階級，前中心的三角形裝飾從古王國末期便成裝飾重心且一直沿用到新王國時期。

2. 罩衫（Tunic）

十八王朝末期安門荷特普四世（易克納唐，西元前 1350 年）進行宗教改革，並鼓勵工匠走出原有制式化的宗教藝術創作，從文物中可以看到藝術風格的變化，而服裝款式自十八王朝後也出現較豐富的改變，此後的雕像與繪畫中常常出現上半身著裝的男性形象。從文物的觀察，上衣有兩種形式：在底比斯、十八王朝 Sobekhotpe 陵墓壁畫中，不知名的男士正進行祭祀，上身穿著 T 恤型無領罩衫（Tunic）、長及小腿肚並於腰部繫一條帶子，飾帶有不同的變化，罩衫底下則是一般腰布，罩衫的材質非常透明，因此從壁畫上看起來是透明有層次的（圖 1-24）。而這樣

圖 1-24　罩衫。

的透明與層次成爲新王國時期之後的服飾特色之一，另一種上衣形式則出現在十九王朝的壁畫上，在夫奈菲爾的死者之書中（Papyrus of Hunefer）等待受審的男子穿著有摺飾、長及腳踝的長衣並利用長衣之多餘部分於腰部打摺束住，同時於前中心夾入有摺飾之三角形。

3. **筒狀上衣**（Sheath）**與披肩**（Long wrapped robes）

筒狀上衣出現在法老王及神祉身上，古埃及神祉皆穿著筒狀合身上衣、並以單肩帶或雙肩帶固定，男性筒狀上衣不似女性般單獨穿著，它需與腰布搭配。由於埃及人制式的藝術呈現，從雕像中無法清楚看出衣著的款式是長袍加披肩亦或是包裹式長衣，但一般專家認爲是以披肩加上筒狀束衣爲主，這樣的款式在男性衣著中僅出現在法老王與神祉的身上，且出現的場合不是祭祀就是喪葬，據出土文物推論包裹式長衣是法老與神祉最正式的衣著。

## （二）女性服裝

1. **筒狀束衣**（Sheath）

筒狀束衣（圖 1-25）以合身外型爲主，自胸部下穿起，長至腳踝上十數公分，並以一條、兩條或沒有肩帶固定。以缺乏彈性的亞麻製成合身的長衣但沒有開叉，很難想像古埃及婦女是如何活動的。肩帶的材質有亞麻布或以陶珠串成飾帶，有肩帶時女性的胸部是隱藏的，單一肩帶或無肩帶時女性胸部則自然外露，由此可知胸部外露在古埃及並非是件羞恥的事，筒狀束衣的材質表面多有紋樣，如羽毛、魚鱗或幾何紋，神祉穿著之束衣多有顏色。

圖 1-25　筒狀束衣。

2. **罩衫**（Tunic）

與男性相同，自十八王朝後則出現了罩衫式的衣著，其穿法與男性相同，將多餘份量紮束於前腰，形成放射狀的摺飾效果。腰上繫有裝飾帶與垂帶，一般安置於前中心。層次與透明感亦是新王國時期以後女性衣著之重點。

3. **腰布**（Loin cloth）**與披肩**（Long wrapped robe）

從文物中發現王室貴族婦女不穿腰布。女性腰布僅出現在舞者、女僕或從事勞務的女性身上。這可說明女性腰布是屬於中下階級的衣著。 披肩只出現在公主或王公貴族的夫人像中。

## 四、飾品與其社會意涵

埃及人的服裝外型變化不大，飾品卻頗爲豐富。大致可分爲一般飾品與神的飾品，分別是頭、頸、臉和足飾等四個方面。

### (一)頭飾

1. 假髮

埃及人不分男女都將頭髮剪至最短（或剃光）的長度再戴上假髮。據《古埃及的智慧》一書報導，埃及人剪髮又戴假髮的目的是爲了能控制頭髮的外型，從頭髮的外型可以區隔出不同的等級，政府官員與法老才能戴假髮，假髮的長度因王國而異，古王國時代假髮長度爲耳下到觸肩長度。中王國時期以後，女性假髮長度則長於肩下。男性則一直維持在及肩長度或較短的假髮，一般百姓則以素面頭皮罩覆頭。

2. 頭巾

自第四王朝後，那美斯式（Names）頭巾成爲法老的重要裝飾，女性不戴頭巾但自新王國時期後，貴族婦女採用髮飾。

3. 冠飾

冠帽亦是古埃及社會階級區隔之象徵，一般埃及人是不能帶冠帽的，法老王與神祉帶著不同的冠帽，也象徵著不同的意義，法老王的冠帽表示對埃及的統治，神祉的冠帽則是依神的來源及其象徵意義而有所不同（圖 1-26）。

圖 1-26　法老與神祉帶著不同的冠帽，象徵不同的意義（第十九王朝，賽提一世與女神哈托爾）。

### (二)頸飾

項鍊是古埃及人普遍採用的裝飾品，古王國時期項鍊是以單一鍊子加上墜飾（圖 1-20），或以布條製成頸圈領，再依照頸圈領之弧度加上數個墜飾。中王國時期以後，頸部的裝飾以頸圈串爲主。新王國時期，頸圈串成爲法老王及貴族夫人的必要裝飾品，頸圈串的材質以陶珠爲主、搭配玻璃珠及少數的寶石。頸圈串應有相當的重量，新王國時期之後、從出土的文物可發現頸圈不再只是項鍊的裝飾性，更具有領子的外觀。

### (三) 臉飾

1. 假鬚

埃及人不留鬍鬚但對鬍鬚有一份崇敬，因此在正式場所須戴鬍鬚。一般人的鬍鬚較短、只有兩吋；髮老王的鬍鬚則很長、底部是方形的；神的假鬍鬚則在尾部翹起。

2. 化妝

眼影是埃及人臉上最明顯的裝飾，不論男女皆以礦物粉末畫出制式的大眼睛，以墨畫眼能有減少陽光的照射，因而具有保護作用。

# 第二節　美索不達米亞服飾

在今天中東的兩河流域——底格里斯河與幼發拉底河，即古代希臘人稱之爲美索不達米亞的地區（附錄一，表 1-2），居住著蘇美人和塞姆族的阿卡德人，他們是這一地區的文化創建者。西元前 3000 年末，塞姆族的阿摩里特人在美索不達米亞中部建立了以巴比倫爲中心的強國，這就是古代歷史上有名的且被現代人稱譽爲五大文明古國之一的「古巴比倫王國」。

約在西元前 3000 年末，以塞姆族爲主的亞述人則在兩河流域的北部底格里斯河中游西岸，建立了亞述城爲中心的城邦。亞述人最強大的時代還是西元前 8 世紀中葉，在這一時代形成了一個統一南北的亞述大帝國。

## 一、蘇美人的服飾

### (一) 早期蘇美人的服飾

早期蘇美人的服裝幾乎同埃及人一樣，他們大部分是用不加裁剪的布塊圍住身體，所圍的腰布較寬，從腰部圍起並下垂遮住臀部，與埃及較爲不同的，是他們的腰裙會在腰部圍繞多圈。自上古時期，最早的羽毛服裝便形成蘇美男子服裝的特色，他們上身赤裸，下身著羊皮裙，有的甚至以流蘇形式構成（圖 1-27）。從出土雕像上我們可以看到紳士們面部留有鬍鬚，身穿過膝的裙衣，底邊飾有花

圖 1-27　蘇美男子以流蘇形式構成羊皮裙。

圖 1-28　早期蘇美人的服飾。

圖 1-29　婦女穿露出右肩的服裝形式。

圖 1-30　新蘇美人所披的大圍巾。

邊（圖 1-28）。至於婦女則著以露出右肩的服裝形式爲表現（圖 1-29），使用的衣料爲類似埃及的白色或染色的、混紡的織紋布料。此外，牧人的衣著則以毛織物製成的腰布裙服式居多，其樣式和埃及迥然不同。這種衣服到西元前 2400 年前後消失，此種衣服不僅不分性別，而且不分貴賤，貴族和庶民只是在質料和使用量上有些不同，貴族的衣服有很多衣褶，布料用得多。

### （二）新蘇美人時期服飾

蘇美人的城國在後期分裂成許多城邦，拉格什城的古底亞於西元前 2130 年成爲新蘇美人時期一位傑出的領袖，從古底亞的許多雕像上我們，可以看到他身披的一種大圍巾。這種大圍巾構成了新蘇美人的服裝特色（圖 1-30），圍巾繞身一圈，再從左肩繞過來，纏在右臂之下，古底亞的帽子又圓又矮頂呈平狀，是一件既舒適又合適的王冠，周邊爲翻捲的齊邊，有許多裝飾，排成密而整齊的點飾。

## 二、巴比倫人的服飾

巴比倫人的服飾穿著基本上繼承了新蘇美人衣裝樣式，這一時期服裝最明顯的變化是出現了優美的垂褶（圖 1-31、圖 1-32）。巴比倫王國一直流行捲衣，這與兩千年後希臘的服裝長袍（Himation）、古羅馬人所穿的托加（Toga，是一種寬袍）以及現代印度婦女穿的沙麗都很相似，這種捲衣的纏裹方法（如圖 1-33 所示）：(1) 先將一塊長 3m、寬 1.3m 的毛織物的一端搭在左肩上，然後邊斜著經右腋下繞回到胸前；(2) 將剩餘的布料再次搭在左肩上，斜著經後背回到右腋下；(3) 在右腋下把布折疊起來折進右腋前；(4) 把最初搭在左肩上的一端垂披在左臂及左手腕上，衣服上會有刺繡、鑲邊和穗飾，顏色以深紅色、綠色、藍、紫紅等鮮豔的色彩爲主。

圖 1-31　巴比倫男子（圖左）所穿的單肩式包捲式長袍。

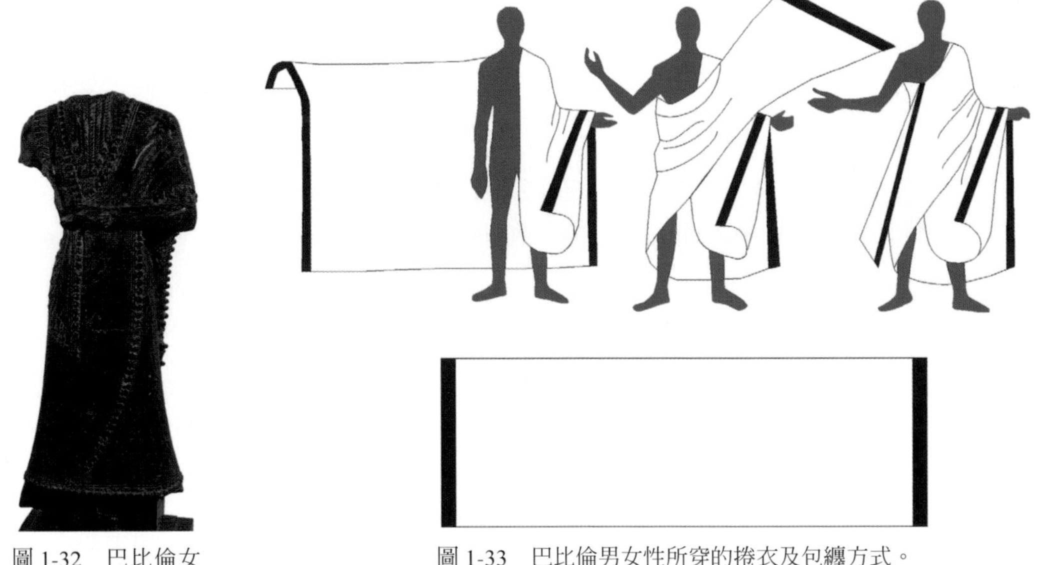

圖 1-32　巴比倫女子所穿的捲衣長袍式樣。

圖 1-33　巴比倫男女性所穿的捲衣及包纏方式。

## 三、亞述人的服飾

西元前 14 世紀，亞述人建立了自己的王國，至西元前 12 世紀末，已成爲一個強大的帝國，其版圖不僅統領整個的美索不達米亞，而且擴展至波斯灣與地中海沿岸向西伸展至埃及，國土迅速擴大，政體十分強盛。

### (一)男子服裝

圖 1-34　亞述王與貴族男子的衣飾。

亞述帝國時期，服裝的基本式樣仍然不太複雜，服裝的款式仍以大圍巾與短袖筒狀衣爲主，不同的是，人們更強調服裝的外部裝飾效果，服裝顯得更華美。明顯的特徵是在服裝的外口邊緣飾有精心鑲嵌的穗狀流蘇；其次是在服裝的布料上飾有許多花紋圖案，其中有很多是用花毯的織法織成的，另外還有用刺繡的方法完成的。

貴族男子的服裝不僅有更多的裝飾，且捲衣纏繞的圈數有所增加，不再暴露右肩，這一點可在亞述王國時期許多雕像和壁畫中得以印證，流蘇式的圍巾或一條長飾帶都可以作爲腰帶，它是地位和等級的象徵符號。面部濃密的鬍鬚、捲曲而整潔的頭髮、懸掛或手握一把劍，這些構成了亞述國王與貴族男子衣飾的典型形象（圖 1-34、圖 1-35）。至於一般平民的服飾則以直筒衣（Tunic）之直線剪裁的短袖套頭衣爲主，並搭配寬腰帶（圖 1-36）。

**頂端**
裝飾在頭冠頂端的圓錐形裝飾品。

**權冠**
這種圓形的頭冠，它源自亞述王國等的東方文明，初期愈富貴權勢者所帶的權冠便愈高，後來在歐洲成為婦女使用的頂帽。

**頭巾帶**
纏繞附加在權冠上的薄絹緞帶是東方文明裡，頭冠的基本飾帶，後來發展成回教的纏繞式頭巾。

**長披肩**
擁有大量的流蘇裝飾，僅有國王或雕刻中的諸神可以穿著長披肩。

**罩衫**
合身短袖的罩衫是亞述人的基本服飾樣式。
初期的亞述人在穿著上打扮樸實，主要是一塊布料纏繞在身上的長袍式服裝，爾後受到埃及新王國時期的影響下，他們的服飾便產生了戲劇性的變化，開始在服裝上加入各式各樣的刺繡圖像與裝飾（如埃及常使用的蓮花與薔薇等圖示）。此外，原本使用羊毛材料的亞述人受傳入的埃及棉，以及中國的蠶絲技術影響，開始各種紡織技術。

圖 1-35　亞述國王衣飾的典型形象，頭戴花盆式高帽，身穿大型披風。

### (二) 女子服裝

亞述婦女在社會中地位極爲低下。所有女子在婚前，都屬於父輩的私有財產；出嫁以後又完全淪爲丈夫的奴隸。一般女子表現在服飾上同樣是穿著包纏型的袍服（圖1-36），而且都要戴面紗不能讓外人看到自身的顏面，這一習俗現今仍保留在信奉伊斯蘭教的國家內。

圖 1-36　亞述人的衣飾樣貌，以直筒衣之直線剪裁的短袖套頭衣爲主，並搭配寬腰帶。

圖 1-37　阿蘇巴尼波在同王后阿蘇薩拉特共同進餐中王后的衣飾。

貴族女子的服飾可以從「阿蘇巴尼波在同王后阿蘇薩拉特共同進餐」中王后的衣飾來了解（圖1-37）。王后身穿長式緊身服，衣邊飾有流蘇，其外觀與國王基本相同，衣袖較男子服要長些；圍巾裝飾得優美雅致，其衣端從右臂垂下，自由飄逸；王后的頸部有環式項圈，頭上的王冠鑲有寶石，耳飾、頸項、腕鍊的首飾大而齊備。

## 四、波斯人的服飾

圖 1-38　波斯男子服飾。

西元前 612 年，亞述帝國被米底亞人同巴比倫人聯合勢力所滅，不久波斯人於西元前 550 年～西元前 330 年期間統治了這一地區，在亞述帝國的版圖與文明的基礎上營造了波斯帝國。

### (一) 男子服裝

成爲統治者的波斯人對戰敗的亞述人十分尊重，並從亞述人的社會結構、生產方式等諸多方面吸取了大量知識。就服飾而言，波斯帝國時期大量延用了亞述人的服飾，尤其是上流社會甚至君王都穿起亞述人寬鬆外袍（圖 1-38）。他們的衣著由長至膝蓋的束帶合身衣和喇叭造型的長袖構成，而褲管剛好拖至平底鞋上方。就目前的考古發現來看，這是世界上最早的筒狀長衣袖與分腿褲。從歷史上的角度來說，波斯人是最早應用了裁剪技術和技巧，這是波斯人在世界服裝發展上，在工藝上的特殊貢獻。這是由於波斯人經常騎射，雙腿也必須要加以保護，因此穿上了世界上最早的眞正外衣。

### （二）女子服裝

關於波斯女子的服飾，可考證的原始資料不多，但有一件西元前 1250 年製作的青銅鑄像卻恰好反映了當時貴族女子的裝束，那是蘇薩的納波爾．阿蘇王后的肖像（圖 1-39）。她的服裝樣式裁剪精確且貼身合體，上衣爲短式罩衫，下衣爲裙。堪稱專業裁剪和縫紉技術的結晶，同時也反映了當時服飾的進步。服裝外表不僅有流蘇，還有金屬圓片以及刺繡圖案。

### （三）波斯人的鞋子和織物

波斯人的鞋子與埃及和希臘早期編繫的涼鞋樣式有著明顯的不同，而更接近西元後世界大多數地區鞋的樣式，這一方面得益於他們精良的裁剪技術，另一方面也反映了鞋匠高超的手工技巧。有幾面保存完好的浮雕，適切地反映出了當時的鞋式（圖 1-40）。

圖 1-39　阿蘇王后的衣裝。

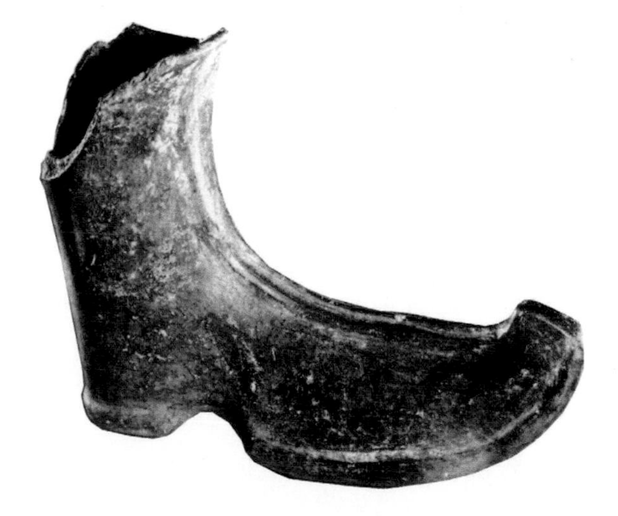

圖 1-40　波斯人的鞋子。

# 第三節　愛琴文化與古希臘

古代希臘的基本地域，包括巴爾幹半島南部、小亞細亞西部沿岸和愛琴海諸島嶼。在希臘大陸——巴爾幹半島部分，根據其海灣曲折和山脈起伏的自然條件，又分北、中、南三部分，形成許多分裂獨立的城邦國家；由於希臘氣候溫暖，多面臨海，海灣曲折，多有海港與島嶼，提供給希臘航海和對外交通的有利條件。希臘在其發達的工商業條件下，很早就和東方各先進地區有了商業和文化上的來往，這些都使希臘文化藝術與服飾的發展創造了有利條件。

早在西元前 3000 年時，希臘的某些地區就已經由新石器時代的氏族社會進入到奴隸制時期，到了西元前 2000 年左右奴隸制度已成型。然而由於民族的變遷，希臘的奴隸制正式確定是在「荷馬時代」（西元前 11 世紀～西元前 9 世紀）以後。就其整體來說，「荷馬時代」還是希臘由氏族社會向奴隸制度的過渡時代，此後才正式形成了奴隸社會制度。

在希臘奴隸制社會中，除了奴隸主與奴隸兩個對立的階級之外，還有一個爲數不小的自由民階層。這個自由民階層在希臘奴隸制社會的經濟與政治生活中起了很大的作用，使古代希臘文化染上了顯著的民主色彩。因此，在古代的宗教世界觀中，希臘人是貫穿著古典的「民主主義」和「人本主義」思想的，雖然它不包括奴隸在內。

希臘是一個泛神論的國土，是以一種「神人同形同性論」的觀點來塑造他們的神話世界的。希臘的神話大大地豐富了希臘人民的精神生活，隨之也豐富了他們創造的藝術和服飾。古希臘人的性格自信與活潑，由於多年城邦之間的戰爭以及對波斯的戰爭，希臘城邦的平民多以崇尚武力和戰爭爲重要職責，人民愛好體育鍛鍊。每年一度男孩們要接受殘酷的鞭笞，以考驗他們忍受痛楚的能力。女孩們也必須接受嚴格的體育訓練，以便能把較強的體力遞傳給他們的兒女。

圖 1-41　擲鐵餅者，製於西元前約 450 年，呈現競技場男子裸體情形。

由於氣候條件和古希臘民族的性格，希臘人習慣裸體或少著衣物，人們一般穿著單衣而且寬大。據說在競技場上，男子裸體，女子半裸（圖 1-41）。

關於希臘的古文化，可遠遠地追溯到西元前3000年左右。特別是西元前2000年左右到西元前12世紀之間，克里特島和邁西尼等地已經進入早期的奴隸制社會，並創造了極其驚人的文化藝術。但這一階段就希臘的歷史來說，只不過是希臘的「太古時代」或稱之爲「愛琴文化時期」。自西元前11世紀到西元前9世紀，一般稱之爲「荷馬時代」，據說這是由一位盲眼詩人荷馬所吟唱的兩部史詩：《伊里亞得》和《奧德賽》而來的。

西元前7～6世紀，希臘不但正式確立了奴隸制的城邦國家，而且也完成在地中海及黑海沿岸的移民，在西方文化史上把這一時期稱之爲「古風時代」。到西元前5世紀，希臘開始進入全盛時代，這是由於已具有繁榮的經濟基礎和較開明的政治制度，並且受到反波斯侵略戰爭勝利的鼓舞，藝術成就從西元前5世紀～西元前4世紀達到了輝煌的程度，由於其間具有古代社會文化藝術的典型風格，於是把這階段稱之爲「古典時期」，這期間的希臘文化和服飾文化是以民主制的雅典居主導地位。

西元前334年，國王亞歷山大開始東征以後，到西元前325年，希臘相繼征服了小亞細亞沿岸、埃及、兩河流域、波斯本土以及印度河谷等地，所到之處，一方面受到本地文化制度帶來的影響，另一方面又傳播其大希臘化政策，特別是在亞歷山大王於西元前323年死於巴比倫之後，他的帝國分裂成東方的希臘等許多國家。西元前一世紀，這些希臘國家相繼爲羅馬所征服，最後於西元前30年托勒密王國的滅亡爲止，古代的希臘歷史正式結束。但是古希臘的藝術成就卻永遠綻放著光輝，不但被接踵而來的羅馬所承襲，而且也是後來歐洲「文藝復興」以及「古典主義」運動的堅實基礎，爲整個西方的文化藝術奠定了基石。

## 一、愛琴文化時期服飾(古希臘前期)

### (一)男子服裝

愛琴文化時期的服裝有著明顯自身文化特徵，最明顯的是其服裝以緊身爲主軸，強調曲線效果，米諾人第一代王朝中期出現了最早的男子緊身衣，腰間有繩索式帶子用以佩戴刀鞘和寶劍，此樣貌可以從第一代王朝國王的形象在壁畫中得以反映（圖1-42）。他的彩虹色石英王冠上

圖1-42　第一代王朝國王的穿著。

繫著 3 片羽毛，紅白兩色的腰帶上方有一個很精緻的藍色捲套；胯裙很合身，他右胯下方垂落的一方白色布塊，布紋呈水平形，這表示胯裙一部分是交叉編織的，這是身體下部的一種飾帶。

愛琴文化中期男子服裝逐漸演變成爲胯裙，這是一種雙層胯裙，具有緊身鞘（護套）衣的一些特點，又短又窄卻飾有很寬的金屬腰帶，到了西元前 1550 ～西元前 1450 年間，胯裙長至大腿中部，中央飾有一條編織著念珠的長纓（流蘇狀）穗飾，很像克諾薩斯壁畫上手持水罐者的服裝（圖 1-43）。從圖中可以看出，克里特人的鞋襪穿著勻稱合適，給人以鮮明清晰的輪廓，其樣式多以粗帶編成的涼鞋爲主，此外不論性別都蓄著波浪長髮，穿著強調腰身的服飾，上身裸露下著胯裙的簡單樣式爲主，其種類很多。材質方面以麻和毛皮等素材所製成，胯裙前後的布料不同，後片較前片稍長，大腿側部提高，胯裙上有裝飾圖紋。

圖 1-43　飾有念珠長纓穗的胯裙。

## (二) 女子服裝

愛琴文化早期的一些婦女小雕像，身穿鈴形衣裙（圖 1-44），裹身圍巾纏繞全身以後，在腰間用布製腰帶繫緊，以顯露腰身的曲線，而前胸袒露在外；圍巾在後背中央部位呈明顯的橢圓狀向後凸起；下部是鈴形衣裙，明顯向四周凸出，裙下形成一個很寬敞的空間。

女子上身袒胸的風貌是從米諾第三代王朝中期開始的，日後一直是克里特婦女流行的式樣（圖 1-45）。這種服裝很合身，窄袖、收腰、凸胸、長蓬裙因此表現和強調了女子的曲線體態，形成一致的標準（圖 1-46），然而裙子上的花紋，表現出漸層式的變化，以及鮮艷色彩的條紋或格子圖案，或配以不同材料，有的在前後飾有小圍裙的裝飾形態，主要在宗教儀式上使用。到了愛琴文化的後期，女子的裝束已脫離了早期古樸風雅的風格，轉而形成較爲華麗多飾的風味（圖 1-47）。再者，其金屬加工工藝的水準很高，從現今出土的首飾來看，項鍊圖案美觀工藝講究。

圖 1-44　鈴形衣裙。

圖 1-45　克里特婦女流行的服裝式樣。

圖 1-46　強調曲線體態的標準。

圖 1-47　後期的裝束華麗多飾。

## 二、古希臘服飾

古希臘時期是古代西洋文明的巔峰時期，大約從西元前 1200 年～西元前 1000 年間希臘就由部落發展爲國家，古希臘人由愛奧尼亞人（Ionian）、多利安人（Dorian）等四種居民組成，其中以多利安人最強大，他們把愛奧尼亞人趕到橫過海洋的小亞細亞西部海岸，於是這一地區就成爲古希臘的一部分，也是希臘工商業和文化中心之一，關於服裝目前沒有西元前600年以前的資料，所以這裡主要介紹西元前600年～西元前150年的一些希臘服飾。

研究古希臘的服裝，一般是依據希臘的瓶畫和雕像來作探討，希臘瓶畫是指希臘人在陶器上畫的自畫像，從這些瓶畫上的人們可以看到古希臘人的服裝，希臘的瓶畫有兩種，早期是「黑繪風格」（圖1-48），就是在使用紅褐色粘土所燒成的陶器表面上用黑色顏料描繪圖形，這是希臘人在西元前600年左右所流行的畫法，我們可以在這些瓶畫中看到希臘早期，西元前600年左右的服裝。過了一百年，到西元前550年希臘人開始時興「紅繪風格」（圖1-49），就是將陶器染成黑色，在黑底上用淺顏色描繪。

圖1-48　法蘭斯瓦瓶圖（黑繪風格），製於西元前約560年。

圖1-49　阿基里斯殺死亞馬遜族女王圖（紅繪風格），製於西元前約70年。

## (一)希臘服飾綜合特點

希臘人衣飾的最大特點是披纏式布料且很少剪裁，主要使用羊毛織物和亞麻布，在極少數時才使用一些東方的絲綢。

希臘服裝色彩多變化。由於現代人習慣看到用白色石膏翻製成的希臘塑像，因而常常形成錯覺，以爲希臘服飾多是白色的。其實原有的希臘雕像都是塗顏色的，而且有時還鑲以珠寶，荷馬史詩就曾提到，當時希臘服裝有黃色、靛青色、綠色等，另外，不染色的羊毛織物和亞麻布都不是純白色的，而是帶有各種灰色調的白色。

古希臘人最基本的服飾是希臘衫（Chiton），依據不同的服裝樣式可分爲「多利安式衫衣 （Doric Chiton）」、「愛奧尼亞式衫衣（Ionic Chiton）」、「佩普羅斯式衫衣（Peplos Chiton）」三種。多利安式（Doric）和愛奧尼亞式（Ionic）這兩種名稱源於希臘神殿石柱的柱頭，多利安式造型簡單，而愛奧尼亞式則是成螺旋狀型式。希臘衫（Chiton）是一塊四方形布料構成的服裝，而多利安式衫衣（Doric Chiton）的布料長度要長於穿著者的高度，寬度則是穿著者兩手伸展之指端的兩倍寬度。穿著時先於上身翻折，其翻折的長度可隨喜好決定，然後再於橫向的中間位置平均對折，包裹身體，兩肩處用較大的別針分別固定住，側身折雙的另一邊開口邊緣可以敞開亦可以縫合，腰部通常用腰帶繫住。佩普羅斯式衫衣與多利安式衫衣兩者間的差異僅是在腰帶固定的方式不同，佩普羅斯式衫衣的腰帶是固定於衫衣外面可以看到腰帶的顯現；多利安式衫衣則是繫於對折上衣片的裡面，因此腰帶是位於翻折衣片之下（或隱藏在衣片之內）（圖 1-50 左邊女子穿著束腰之多利安式衫衣、圖 1-56），因此佩普羅斯式衫衣又稱爲新多利安式衫衣（圖 1-56、圖 1-59）。愛奧尼亞式衫衣是在上衣位置不作翻折處理，兩肩以許多別針固定形成袖型，並繫上腰帶固定（圖 1-51、圖 1-57、圖 1-58）。

大斗蓬（Himation），其款式是以一塊極大的長方形毛織布纏繞身體，在身上露出單肩，爲男女皆可穿著的包纏式大斗蓬（圖 1-52）。小斗蓬（Chlamys）爲

圖 1-50　左圖爲多利安式衫衣；圖右爲短披肩。

圖 1-51　愛奧尼亞式衫衣。

圖 1-52　左圖女用短披肩和右圖男用大斗蓬。

男用小斗蓬（圖 1-55 中間男子、圖 1-66），其款式是使用 5 英呎和寬 3 英呎的羊毛織布通常是披在左肩並蓋住左臂，然後在右肩處用別針將布料的兩端扣住，露出右臂。女用短披肩（Diploidian），通常是穿在衫衣的外面露出左肩（圖 1-50 女用短披肩 與 圖 1-52 女子短披肩）。

## （二）男子服飾

### 1. 頭部

古希臘早期男子留長髮，頭髮是捲曲的，有時像現代婦女那樣，把頭髮編成辮子，有時纏在頭上加上一個花環。在流行長髮時，人們常用剪下來的一髻頭髮獻給亡人，以示哀悼。西元前 5 世紀以後，男子的頭髮式樣有了變化，運動員更是留起短髮。早期的男子要在長髮上戴許多裝飾物，到了晚期，男子頭髮不再加裝飾，駕車的馬夫和長跑運動員就像現在的網球運動員那樣，用髮帶箍住頭髮。花冠被當作獎品授予運動會和音樂比賽中的優勝者（圖 1-53 和圖 1-54）

圖 1-53　看到花冠被當作獎品授予運動會的優勝者。

圖 1-54　戰車駕駛者的頭像，顯示髮帶箍住頭髮的樣貌。

### 2. 愛奧尼亞式衫衣

在早期，長的衫衣對年輕人和老年人來說是很高貴很有尊嚴的式樣。但在西元前 5 世紀以後，青年人不再穿長的衫衣。穿長衫衣的一般是守舊的老年人、敬神者、臟琴演奏者以及馬車夫。各種年齡的男子都穿短衫衣，而且大部分是只在肩部繫住，或用別針固定，或打結固定（圖 1-55）。另外一種衫衣是將亞述人和一些亞洲人穿的腰衣修改後製成的，用長方形布料，剪出袖子，領子前後很淺，兩邊沿領邊裝飾一條花邊，從左肩一直通到右肩，這正是與古埃及人腰布衣的區別之處。穿這種衫衣時還要加上一條近 10cm 寬的腰帶（圖 1-55 的右上角男子服裝）。服裝的外型有如窗簾般自然的下垂，展現出自然的曲線之美。

圖 1-55　古希臘男子服飾與女子頭飾。

3. 男用斗蓬

斗蓬有大小不同的尺寸，有時作爲斗蓬的作用，但有時可以纏繞成一件外袍的形態；有時則可披在衫衣上也可以只單穿在無披掛的身體上，我們將之分爲兩種形態，一種是較小型式的披肩（Chlamy），這是勞動者或騎士所用（如圖 1-55 中間的男子服裝樣貌），它是利用四角形布塊披掛肩上再用胸針固定；另一種爲大斗蓬形態（Himation），披法是用一塊 3 ～ 3.5cm 長、從腋下到腳背寬的長方形布料，從穿著者的左腋下窩開始，手握布料的一端將它穿過前胸，從右腋下穿過後背斜到左肩上，把布料拉下來穿過左臂轉一圈再從右臂下拉起到右肩上，然後穿過後背，把剩下的布料搭在右胳膊上。這種披法在演講家和學者中較爲流行（圖 1-52 男子和圖 1-55 露出右肩男子）。

4. 腳部裝飾

男人無論在家中還是在街上都打赤腳，或者穿涼鞋，最簡易的涼鞋是用一根皮帶從鞋底上穿過大腳趾與二腳趾之間，再連接另外一根皮帶繞到腳後跟。後來，鞋子由圖 1-55 之圖右下方所示的較複雜而舒適的式樣所代替，在打仗或艱苦的工作中，爲了保護腳和腿可穿靴子。靴子是用皮革做的，或是在前面繫帶，或是用皮帶捆在腿上。

## （三）女子服飾

1. 頭飾

在古代，希臘婦女的頭髮是垂下來的，並且很精心地梳成彎曲的蛇形，一般是戴髮帶或花環。波斯戰爭後頭髮普遍都向上梳，並用多種方法裝飾，最典型的是將頭髮在腦後收攏打成結，從側面看這個結的位置正與鼻子相對稱，頭髮經常是無覆蓋、無裝飾的，但也可以用手帕、小袋或網套收攏起來，如圖 1-55 圖下方的女子頭飾樣貌。

2. 女子服飾的發展

希臘婦女一般穿一件束腰長衫衣，有時在外邊披一個斗蓬，說起來束腰衫衣也有一個發展過程。

⑴早期多利安式束腰衫衣

古希臘前期，也就是西元前 700 ～西元前 55 年間，希臘婦女穿的是緊身束腰衫衣，腰部繫腰帶，外形呈筒狀的，比身體稍長一些。其製作簡單：將一整塊布縫成筒形；將上面的邊翻折下來；上邊的口前面和後面相交，用兩個別針將前後固定在一起，產生三個開口。中間讓頭伸出來，胳膊從另外兩個開口伸出來，繫上腰帶，上部向外翻折的邊垂到胸部，給人感覺是兩件衣服，而實際上是沒有進行任何剪裁的布折疊繫紮而成（圖 1-56）。

別針別住雙層布料是爲了防止緯線從經線中被拉出，因爲當時的織布技術有限。胸部有一垂邊是早期束腰衫衣的特點，這種衣服因爲顯瘦，衣料又厚挺，更呈現出筒狀，使人聯想到多利安柱式的美，故名多利安式束腰衫衣。

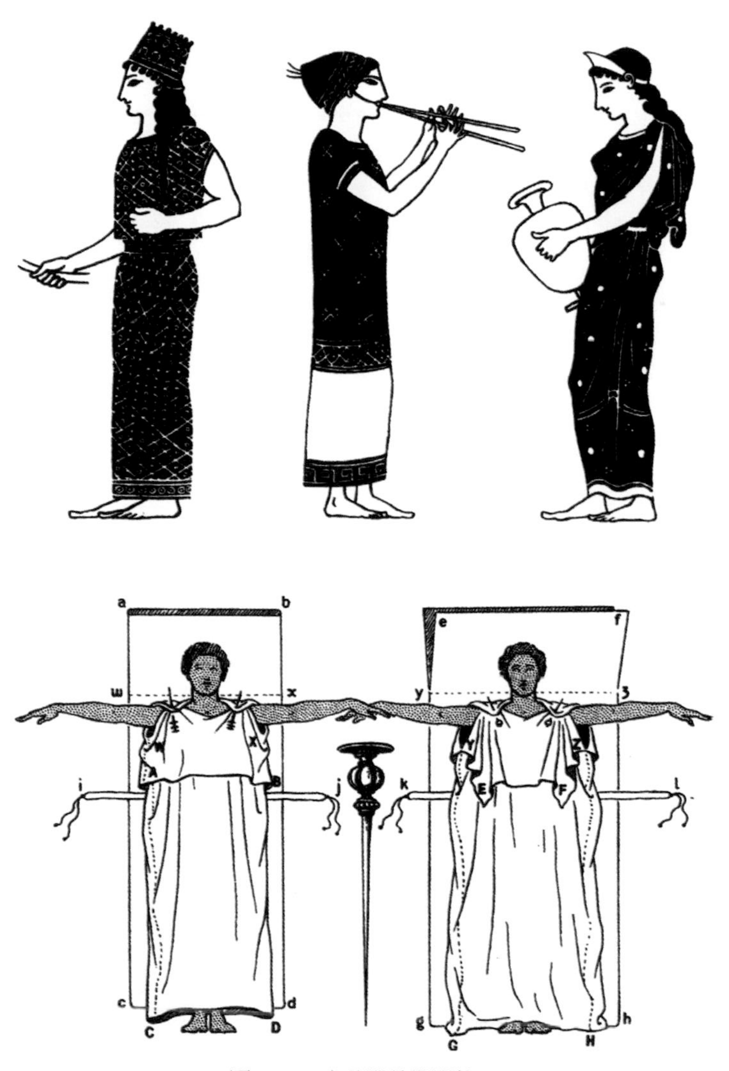


圖 1-56　古希臘前期服飾。

(2)愛奧尼亞式束腰衫衣

大約西元前 550～西元前 480 年，希臘受愛奧尼亞的影響，服裝是從「紅繪風格」的瓶畫上得來的，打褶的亞麻布代替了羊毛布，早期的緊身合身衣變成很寬鬆的愛奧尼亞式束腰衫衣（Ionic Chiton）。這種衣服的衣料比較多利安式束腰衫衣的兩倍寬，身長相同，但不是由肩上折下來，而是用帶子將特大布料拉起，產生寬大罩衫般的樣子，這是愛奧尼亞式束腰衫衣的特徵。和緊身束腰衫衣一樣，愛奧尼亞式束腰衫衣也用別針別住上面（圖 1-57），但衣料肥大所以在領口的兩邊有一排別針或鈕扣，這些扣子沿著肩膀和胳膊的上部把布連在一塊，使服裝產生了袖子（圖 1-58）。

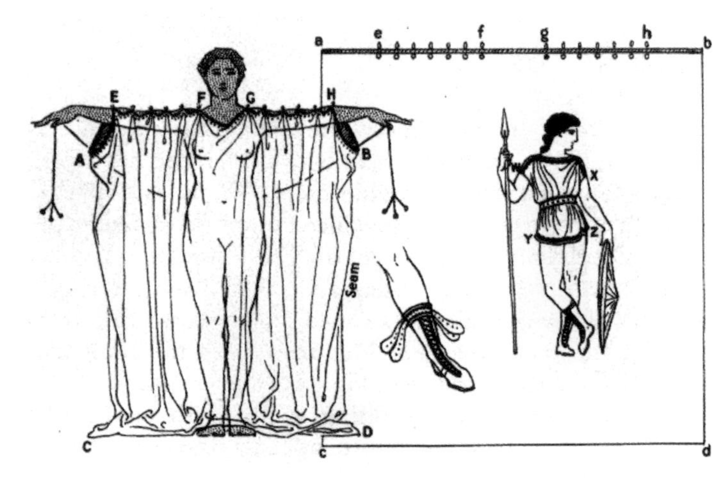


圖 1-57　愛奧尼亞式束腰衫衣。

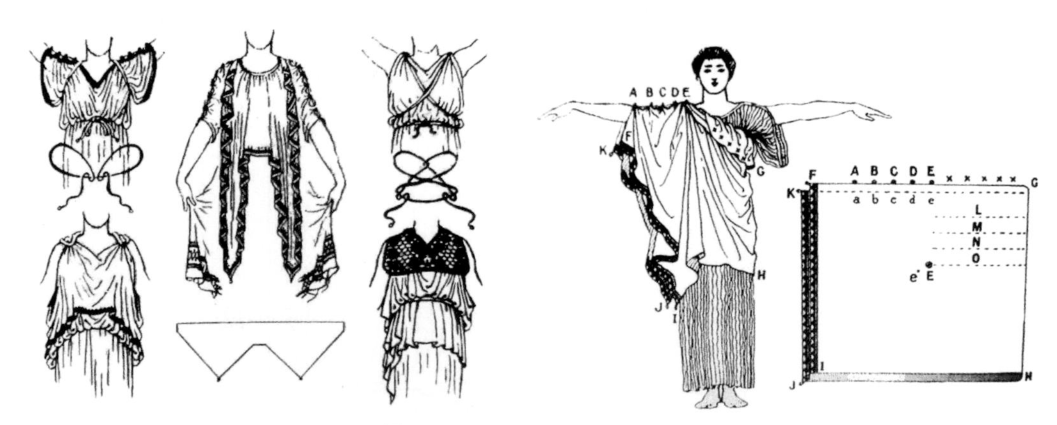


圖 1-58　愛奧尼亞束腰衫衣。

(3)後期多利安式束腰衫衣

圖 1-59 佩普羅斯式束腰衫衣，又稱新多利安式束腰衫衣。

大約西元前 480 年以後，早期緊身束腰衫衣消失了，產生了新式的多利安式束腰衫衣，另稱為佩普羅斯式束腰衫衣（Peplos Chiton）。它綜合了前面說的兩種束腰衣的特點，較肥、也較寬大、鬆散、優雅的衣褶垂落，有一個垂邊，另外筒形的右邊不是縫在一起，而是散開的。這種衣服多為繫腰帶的形態，佩普羅斯式束腰衫衣（圖 1-59）沒有假袖，只是綜合前兩者的優點，故而襯托出早期古代女性細長的身形。

在古希臘建築中有多利安式風格與愛奧尼亞式風格，多利安式建築的柱子帶有寬凹槽，沒有底座，柱頭比較簡單，與此相似，多利安式束腰衣也呈現密集且垂直的衣褶，形成一個完整的外表。愛奧尼亞式風格的柱子式樣則不同，有底座，並有複雜的渦旋形柱頭，愛奧尼亞式束腰衫衣的肥大假袖子使身體上部分很寬大，正符合渦旋形柱頭的曲線。

無論是多利安式，還是愛奧尼亞式束腰衫衣，繫腰帶是創造優美褶飾和瀟灑造型的一個非常重要的手段。因此，在古希臘讚美女子美貌的詩中，經常有關於這種繫帶的描寫。

多利安式與愛奧尼亞式束腰衫衣相比，區別如下：

①多利安式束腰衫衣使用毛織物，衣褶厚重、粗獷，具有簡樸，莊重的男性特徵；愛奧尼亞式束腰衫衣使用麻織物，衣褶細而多，具有柔和、優雅的女性特徵。

②多利安式有折返下來的垂邊，而愛奧尼亞式沒有。

③多利安式用別針僅在雙肩固定兩點，愛奧尼亞式則用別針自肩到兩臂固定多處。

④多利安式的側縫一般不縫合，而愛奧尼亞式的側縫必須縫合。

⑤多利安式沒有袖子，愛奧尼亞式有袖子。

這兩種束腰衫衣的流行雖然有先後，但在很多地區是並用的，一般年輕人喜歡穿多利安式束腰衫衣，而中年以上的人喜歡穿愛奧尼亞式束腰衫衣。

⑷女用斗蓬

有大小兩種，一般是長方形布料用不同的方法纏繞身體。到西元前 5 世紀和西元前 4 世紀，出現一種大斗蓬（Himation），是把頭和全上身都包起，用 1.3m 寬或寬約 4m 多的長布料把一角別在右肩上，斜拉這披巾穿過喉部，把一頭拉到手臂上，另一頭繞過頭部到右邊；拿著它繞過右肩穿過胸前，搭在左肩和左臂上，然後再穿過背後搭在右肩上，把剩下的布料穿過身體，繞左髖再繞右髖，最後拿在右手中，這種纏繞方法可以突出人體的輪廓（圖 1-60 女用斗蓬）。另外還有小斗蓬（Diploidian）（圖 1-52 女用小斗蓬），可斜披在身上。

圖1-60 女用大斗蓬。

⑸腳部

婦女們從事家事時常是赤腳的，在室內或去城市遊行時則要穿柔軟的便涼鞋。總之，希臘服飾主要是束腰衫衣和斗蓬，幾乎沒有裁剪，巧妙地利用纏身式和豐富的衣褶突顯人體的輪廓，從而取得優雅與瀟灑的藝術效果，以至 2000 年後的 18 世紀末和 19 世紀初，歐洲婦女們極度崇拜希臘服裝，並曾一度全盤效仿古希臘婦女之裝束（圖 8-6）。

## (四) 化妝

古希臘的男子和婦女都設法讓自己頭髮的光澤度更好，他們將頭髮待在陽光下曝晒，或在鹼液裡洗滌，或在甘菊花液裡浸。希臘人與愛沐浴的埃及人或克里特島人不一樣，男子們先用香料和香水擦身，再用金屬刮刀器刮身體，而婦女總是強迫自己細心地進行洗澡，然後塗上油膏和香油。

婚後則不允許梳妝打扮，荷馬說「上帝不參加到愛人們打扮的行列中」，此時「膝部和頸部用塞波勒香粉，頭髮用馬喬萊尼香粉，手和腳則用埃及香粉」，女子將眼睛畫大；眉用尖針沾上黑煙煤來描黑；面頰塗朱紅色使臉顯得鮮艷；胸部是特別引人注意的，用綠色碧玉妝點來加以突出，或用紫紅色碧玉與肌膚的色彩相協調；此外胸部用束胸帶繫牢，這是胸罩的起源，名叫馬斯托德束（Mastodetoie）。為了顯示高大的形象，希臘人還將鞋底墊厚四層。

### （五）首飾

首飾的重量都很重，婦女將它們戴在臂上、手上和耳上，甚至裝飾到飾有絲帶的腳踝上。男子則用手鐲和項鏈以及鑲有貴重寶石的金腰帶作裝飾，另外還用金銀別針把裝飾物別在服裝上，頭部也另有飾物。他們常常拿著手杖，杖頭幾乎都鑲嵌有貴重金屬。

## 第四節　古羅馬服飾

大約在西元前 1000 年時，有一族伊特拉里亞人由小亞細亞遷居至亞平寧半島之西，以及梯伯河之北，此後他們就在義大利的歷史上居於很重要的地位，他們在西元前 9 世紀～西元前 3 世紀所創造的文化，後來成了羅馬文明的先導和重要組成部分。

伊特拉里亞人到達義大利半島不久，希臘人也隨之而來，散布在西西里島與義大利南部。實際上這些地方成了希臘的一部分，希臘的文化藝術也就播植於此。後來希臘人與伊特拉里亞人同時爲羅馬人所征服，他們的文化藝術也就爲羅馬所承襲。

此後羅馬人又征服了小亞細亞各希臘化國家，到了西元前 30 年征服了埃及托勒密王朝，至此整個希臘全部爲羅馬所有。羅馬擁有整個地中海周圍地區，其勢力範圍北達不列顛南部，西到西班牙之極境，南至北非，東至黑海西南，形成了一個遠較亞歷山大王的希臘帝國更爲鞏固的大羅馬，在當時整個世界上，她與東方的大漢帝國遙遙對峙。

西元前 1 世紀中葉，在凱撒、奧古斯都和屋大維時代，是羅馬國勢最盛的時期，而屋大維更是有意地培植藝術，他想營造一個伯里克利斯時代雅典般的羅馬，要把羅馬變成一個大理石世界，並且還想趕上菲底亞斯時代的輝煌。因此，這一時期是以「古典主義」爲其藝術思想之主流的。進入帝國時代（羅馬中、後期）的羅馬藝術已達成熟，有了自己的特色和輝煌成就，而且對於世界的影響力也非常大，因此，這一時期就成爲羅馬藝術的鼎盛時代。另一方面，由於基督教的產生，它的藝術也在此時有了萌芽。

## 一、服裝的特徵

寬鬆是羅馬服飾的一大特點，羅馬寬袍是羅馬公民與世界其他地區人民在服裝上最顯著的區別。羅馬人似乎比希臘人更喜歡服裝的通透性，因而他們的服裝更大大地表現了寬鬆和曝露身體。羅馬人的服裝是無拘束的，自由的，他們比希臘人更注意穿著。在一年一次的盛大節日薩特雷利阿的賽跑以及其他比賽項目中運動員是裸體的。羅馬人如同世界聞名的征服者一樣，有很強烈的威嚴和權力觀念，這些也反映在他們的衣服形象上，其外型是流暢、高貴和全身長的。羅馬人有精心製作和節省費用的規則——色彩和裝飾都是給特殊階級享用的，階級劃分得很清楚，大致分爲羅馬貴族與政府官吏，如元老院議員、長官和牧師，以及普通平民（註一）。

羅馬斗蓬（圖 1-61）與希臘的斗蓬不同，雖然同樣都是用一塊布料纏繞身體，但希臘斗蓬是長方形布料，而古羅馬寬袍是半圓形的，帝國時期寬袍所用的布料最大。羅馬寬袍與希臘斗蓬的共同點在於都是以披掛纏繞爲主。基本上古羅馬的服飾大都延續古希臘的款式，例如「Stola」即相似於「Chiton」的款式；「Pallium」或「Palla」即相似於「Himation」的款式。至於古羅馬的獨特服飾則以「Toga」最具代表。

圖 1-61　羅馬斗蓬是由半圓形布料圍繞而成。

**註一**

穿著羅馬寬袍，就是代表擁有羅馬公民的身分。在共和制最末期（西元前三十年左右），羅馬寬袍成爲官服，在穿著時有嚴格的規定，如下所述：

1. 羅馬仕袍（Toga Praetexta）：在白袍上加紅紫色的飾條，穿著者限於以執政官爲首的官員。
2. 羅馬紫袍（Toga Trabea）：由全紫或紫紅組成的寬袍，是君主與神官的服裝。
3. 羅馬袞袍（Toga Picta）：在紅紫色寬袍上施以金線刺繡，在其中一邊的布面上描繪圖案。這是皇帝或凱旋將軍穿著的服裝。
4. 羅馬布袍（Toga Pura）：直接用羊毛織製的樸素布袍，是最基本的羅馬寬袍。
5. 羅馬喪袍（Toga Pulla）：黑色或灰色的寬袍，是爲喪服。

## 二、男子服飾

### （一）頭部

羅馬男子的頭髮全部剪短，分散披在額前及腦後，而不像現代一樣向後梳。在西元前 3 世紀到西元前 1 世紀男子一般不留鬍子（鄉村農民除外），一般把留鬍子作為居喪的標誌，西元 58 年以後才開始時興留鬍子。共和國時期（羅馬前期）頭髮是豐盈的，鬍鬚是長的；帝國時期，頭髮和鬍鬚全剃除。男子和婦女一樣有拔去毛髮的習慣，至於流行的髮式主要依隨法老王的喜好。此外像希臘人一樣，羅馬把花環作為獎品，花環飾以月桂葉，由這種月桂葉編成的花環日後變成用金子做成同形狀的頭飾（黃金代表太陽光輝），作為神聖的「光輝桂冠」而成了帝王的王冠。

### （二）無袖或短袖罩衫（Tunic）

一般用本色或白色羊毛織物製作，與希臘的男子上衣相似，由前後兩片衣料沿兩側及頂部縫合，只在頭及兩臂處開口。無袖罩衫是勞動人民穿的。袖子到肘部的上衣在正式場合都要束腰，束腰後一般長度前面到膝部，背後短 7.62cm（3 英吋）（圖 1-62）。

圖 1-62　古羅馬的無袖袖上衣型態。

### （三）寬袍

寬袍（Toga，譯音為托加）是最能體現古羅馬服飾特點的服裝（圖 1-63）。形狀是半圓形的，直邊長 4.5m 左右，最寬處約有 1.8m。這不僅是世界上最大的衣服，也是古羅馬人的身分象徵。因為只有具羅馬市民資格的人才可穿用。托加是拉丁語，意為「和平時期的衣服」。穿寬袍的方法是先把直線的一邊作為內側，把全長的 1/3 留在前面，其餘的 2/3 經左肩披向身後；其次把身後的布鬆鬆地從右腋下穿過，回繞到前面；再把布搭在左肩上，使其剩

圖 1-63　寬袍（譯音為托加）是最能體現古羅馬服飾特點的服裝。

餘部分垂在後邊；最後把最開始從左肩垂在前面的布在胸部處提出來一些，形成鬆緩舒適的衣褶（圖 1-64）。

圖 1-64　穿寬袍的方法。

市民穿的圓披風是用羊毛或亞麻織物做的，爲本色或白色，市民還有一種深灰色、棕色或黑色的寬袍，在哀悼的時候穿。貴族的寬袍都在曲線的一邊鑲上或寬或窄的紫色飾邊，以示與市民有區別。凱旋而歸的將軍的寬袍則是在紫色的邊上鑲有金絲圖案。

## （四）斗蓬

斗蓬有兩大類，一是半圓形的有時可帶有帽子，帽子亦可單獨使用，這種斗蓬主要用來遮蔽風雨，因而用料較厚，有時甚至用皮革製作（圖 1-65）。另一種是方形類似希臘小斗蓬，披在左肩，在右肩處用別針固定，可繫在鎧甲或上衣外面（圖 1-66）。

羅馬兜頭斗蓬（Paenula）是一種男子和婦女都可以用、由厚羊皮製成的旅行用斗蓬，形狀大而圓（圖 1-67 之左上圖）。並僅在頸部有一開口，很像牧師在做彌撒時穿的寬鬆無袖外衣，並且也正是這種衣服的來源。在特殊場合，在前面將左側開放，衣長通常超過指端。

圖 1-65　羅馬斗蓬。

圖 1-66　繫在鎧甲或上衣外的小斗蓬。

圖 1-67　古羅馬兜頭斗蓬、套頭圓衣與古羅馬婦女所穿的愛奧尼亞式束腰衫衣。

## (五)腳部裝飾

在古羅馬奴隸是不准穿鞋的，公民則可穿類似希臘式的皮涼鞋。鞋子的顏色一般是棕色，到共和國後期和帝國早期在色彩上較講究，議員穿黑色鞋貴族可穿紅色鞋（圖 1-68）。

圖 1-68　古羅馬人的鞋子樣式。

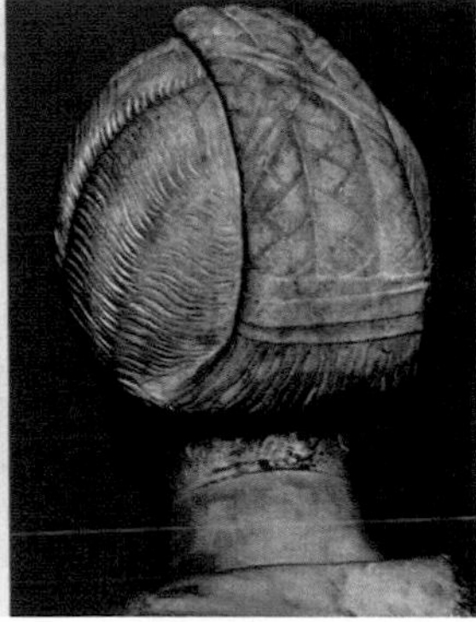
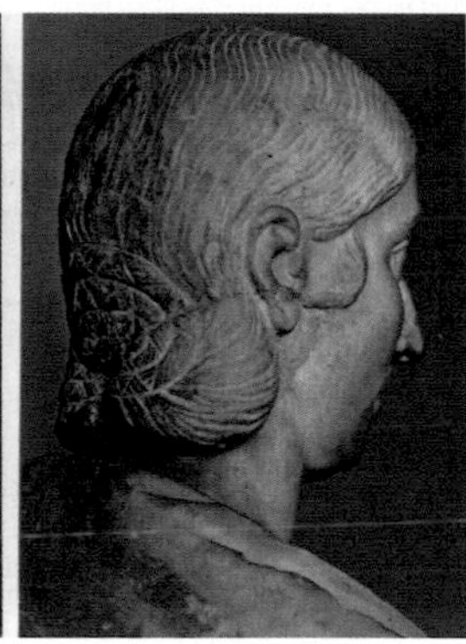
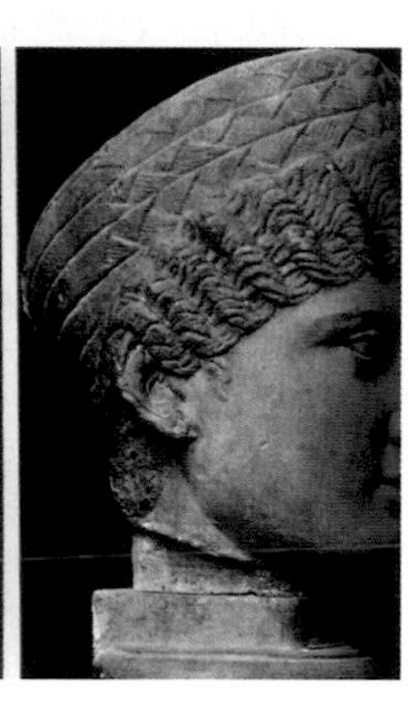

圖 1-69　古羅馬婦女的頭髮造型。

# 三、女子服飾

婦女髮型一般和當時希臘人式樣相同，古羅馬婦女將頭髮盤起而不披下來，據說在共和國後期和帝國時期，羅馬婦女喜歡把頭髮漂白或染色，甚至將被俘的北部「蠻族」婦女的金色或紅色頭髮取來做成假髮戴上（圖 1-69）。女人也穿和男人相同的上衣，有時裡面穿一件窄長袖子的上衣，外面再套一件短寬袖子的上衣。古羅馬婦女還穿愛奧尼亞式束腰衫衣，束腰衫衣上具有修長而美麗的衣褶，女人都光腿，但不像古希臘人可以把腳從束腰衫衣裡露出來（圖 1-70）。女

圖 1-70　古希臘婦女的束腰衫衣。

人也披和男人相同的罩袍，並往往用面積很大的罩袍把頭部也裹起來，此外婦女還披希臘式斗蓬和半圓形帶有帽子的斗蓬（圖 1-67）。這種斗蓬不分性別為避雨所穿。古羅馬的女子穿皮涼鞋，皮革比男鞋薄一些（圖 1-68）。貴婦人的鞋有各種顏色，如紅色、綠色、淺黃色等，但是白色最多，女奴隸一般赤腳不穿鞋。

## 四、化妝與首飾

古羅馬時婦女臉部化妝已很普遍，高貴婦女用白色鉛粉和紅色硝酸沫、或用豆粉和海鳥糞洗刷和塗抹面部。他們用香料美容，再用玫瑰花瓣或大麥液來化妝。

他們對飾品也具有興趣。最初飾品源於伊特拉斯坎，以後成為東方人的癖好。第一批寶石是錫拉時期（西元前 136 年）輸入羅馬的，人們把它當作極珍貴的財物。在最早的年月裡，首飾僅用作諸神雕像的飾物，後來，才用它裝飾衣服。古羅馬的婦女用璧玉、藍綠玉和貓眼石作飾物，用珠子做項鏈、衣服的飾花和鞋上的飾物。

古羅馬婦女常配戴一種長的「響尾蛇」形狀的雙層耳環，還在飾物邊緣配一顆珠子，行動時就會發出清脆的響聲，金項鏈、蛇形的寬厚手鐲、鑲嵌的別針以及夾針，不僅作為飾物，也作為富有者的外部標誌。戒指有著特定的意義，是將一只飾有黃金的戒指戴在無名指上（因為這根手指的神經是與心相通的）作為訂婚信物，冬天人們配戴厚重的戒指，上面鑲嵌巨大的寶石，或雕出蛇或人形。夏天帶的戒指一般較為輕巧，通常在兩隻手的每個手指上都戴戒指，男子也喜愛飾品，但缺少具體的裝飾法，一般只留心自己的髮式。

圖 1-71　為斯提科雙聯畫（西元 400 年）斯提科手持矛與盾牌打扮成執政官的模樣，左邊為他的妻子塞林娜與她的兒子優切利歐斯。古羅馬的服飾延續了古希臘風格，並影響往後歐洲的服飾。

總之，古羅馬服飾延續了古希臘風格（圖 1-71），並影響著以後歐洲的服飾，對歐洲文明的發展起了很重要的作用。

## 一、問答題

1. 古埃及時期的服飾與髮式特色，請說明。
2. 古希臘的服飾特點，請說明。
3. 古羅馬服色制度的情形爲何？

## 二、本章要點

地中海沿岸的早期服飾特點

# 第二章

# 中世紀前期服飾

# 第一節　文化背景與服飾特點

拜占庭人因來自拜占庭一地而得名，拜占庭是一個古希臘城市，位於連接黑海到愛琴海之間的戰略水道博斯普魯斯海峽上，古羅馬帝國衰落後，皇帝君士坦丁於西元330年遷都於拜占庭（土耳其之伊斯坦布爾），到4世紀末帝國分裂爲二，即東、西兩個羅馬帝國，帝國的皇位及其社會制度也隨之起了變化，再加上異族日爾曼人的入侵，終於使西羅馬帝國及其奴隸制度於西元476年宣告滅亡。東羅馬帝國雖然直到1453年才亡於土耳其之手，奴隸制的消亡也較遲緩，但在7世紀時也完成了封建化的過程。自此西方的主要地區都進入了封建中世紀，到了14世紀資本主義的生產方式首先在義大利萌發，但就整個歐洲來說，一直到17世紀的英國資產階級大革命，才算結束了封建中世紀的歷史。

一般而言，歐洲封建的中世紀是指西元5世紀～14世紀這一千年，由於這時期的文化基本上是屬於基督教文化性，所以也就把它的初期（西元1～4世紀）的基督教藝術也包括在內了。拜占庭帝國是宗教政治帝國，其藝術是爲了榮耀基督（圖2-1），大體來說拜占庭的藝術都充滿了精神的象徵主義。東羅馬帝國被土耳其人滅亡後，拜占庭的藝術則繼續在希臘、巴爾幹半島和俄羅斯等地流行。

圖2-1　基督教文化性，其藝術是爲了榮耀基督。

在本章主要介紹歐洲中世紀前期的服飾，所謂「黑暗的封建中世紀」，主要是指早期，即10世紀以前這一階段，從具體服裝形態上看，中世紀服裝從古羅馬那種南方型的寬衣文化走向緊身服飾發展，這種演變主要是受北方民族服裝的影響。其特點是袍衫變短、變瘦，男裝多分爲上下兩段式，更便於行動和節省布料，主要包括上身的內緊身衣和外緊身衣，以及下身的短褲和襪子。除此之外，還流行一種長方形或圓形的斗蓬，男子腿上的裝束按照附在雙腿的位置高低，可以分爲不同的樣式。男子的外褲很長，而褲腰的立襠很短，褲帶繫於臍部以下。

此外，由於東羅馬帝國沒有受到異族的嚴重侵擾，保存了較多的古代文化，而且受到東方文化更多的影響，因此產生了具有東方特色的拜占庭藝術。但這種藝術並未擺脫中世紀的基督教統治，仍然與西羅馬的藝術屬於同一個文化圈，只是比較繁榮、比較有生氣，並具有東方色彩。

# 第二節　撒克遜人的服飾

撒克遜人（註一）服裝的明顯特點是：袖子和褲腿均較人的四肢要長，可將長出的部分捲起來，袖子、褲腿上有許多褶子，具保暖作用，服裝由絲、麻和羊皮製成，常以毛皮和黃金裝飾，色彩上是單調並偏愛棕色，服裝較厚，又由於衣服裁剪得較大，所以外觀上顯得人矮胖，在當時和以後的很長一段時間內，身體的外形是不允許顯露出來的。

## 一、男裝

沃爾特．斯科特是一個細心的作家，對於撒克遜人的服飾（圖 2-2），他有一段精采的記錄；「盎格魯撒克遜人的貴族有長長的黃髮，並將頭髮均分為二，前髮垂至眉毛，其餘往下梳落到雙肩上。他們穿著森林綠色的束腰長衣，在領子和袖口處整齊的鑲上白毛皮或松鼠皮。該緊身上衣無鈕釦，披在一件深紅色的貼身衣服之外，並穿著同樣顏色的騎馬褲，褲長不低於大腿的末端，允許膝蓋外露。腳上穿著農民穿的涼鞋，但用料較精良。鞋前面用金質釦子扣緊，臂上戴有金手鐲，頸間戴著由貴重金屬打製的寬項圈等，這是上流社會所喜歡的服裝。」盎格魯撒克遜男子嘴唇上的鬍子留得很長，服裝多由亞麻布做成。男子穿的束腰外

圖 2-2　撒克遜男子的服飾。

**註一**

**撒克遜人**

盎格魯．撒克遜人（Anglo．Saxon）這個名詞現在是指自西元 5 世紀起至諾曼第人征服（1066 年）時止，移居並統治英格蘭的日耳曼民族。古時居住在今什列斯威區和波羅的海沿岸。曾在北海大肆進行海盜活動。薩克森人（英語 Saxon；德語 Sachsen），又譯撒克遜人，原屬日耳曼蠻族，早期分佈於今日德國境內的尼德薩克森（Niedersachsen）地方。西元 5 世紀中期，大批的日耳曼民人經由北方入侵不列顛群島，包括了盎格魯人（Angles）、薩克森人、朱特人（Jutes），經過長期的混居，逐漸形成現今英格蘭人的祖先。

衣長達膝部，袖子比手臂長，在手臂上皺起，外衣在臀部兩側有長形開口，以使活動自由。男子斗蓬有時做成牧師舉行儀式時所穿的無袖外衣，呈橢圓形或圓形，用胸針或別針將其扣緊於右肩上或用一個環形物將其歸攏在一起。男子穿的褲子較長，寬大並有相當多的皺褶，皺褶做法與衣服袖子相同，尺寸較小。將褲腿用帶子交叉綁緊到膝部，可配穿布製長筒襪子或皮綁腿。男子的鞋是一種矮幫的皮革鞋，在側面或前面繫帶，平民穿黑色的，貴族穿有色的或繡花鞋。男用便帽是由絲綢或棉布製作的，外形小而尖，與自由帽和希臘帽不同。

## 二、女裝

沃爾特．斯科特先生對盎格魯撒克遜貴婦也有一段敘述，「她的頭髮是鑲有寶石的髮辮，髮辮梳得很長，顯示處女的高貴和自由的舉止。在她的頭上掛著一個小小的聖物匣，手臂上帶著手鐲。她穿著一件長上衣和一件淡綠色的絲質女襯衣，在最外面披著一件寬鬆外衣，外衣長達地面袖子寬大下垂，但肘部很小。外衣爲深紅色，是用最高級的羊皮製成。一個與金絲交織的綠色面紗與外衣的上部相連，可達到胸部或用一種綢緞圍繞雙肩。」

婦女長袍（圖 2-3），是一件穿在裡面的長束腰外衣，有同樣的袖子。而婦女穿的外袍 (Gunna)，是穿在外面的長束腰外衣，與男子的相同，袖子短，從右邊將裙子繫入腰帶中。此外從女子束腰長外袍的短袖肘部底下可以看見長袍的長袖。這樣婦女的衣服可見到內外兩種袖子，而男子的只有一種。

圖 2-3　撒克遜女子的服飾。

婦女的頭髮是散開的或梳成辮子，束髮帶用較高級的材料做成，常將頭髮藏在頭套中。有的婦女留兩條髮辮，垂在胸前兩側。婦女用的頭套（在以後叫做頭巾，現在只爲修女所戴，又稱修女頭巾）是白色和彩色的，大而方尺寸約爲 2.3m 長，0.7m 寬。頭套戴在頭上，蓋過左肩和右肩，經過額下繞過頸背，最後落在右肩上，在頭套的外面，戴一個狹窄的金環。未婚女子所戴的這個物件叫束髮帶，可將長的髮辮全部藏於其中。婦女的鞋是繫帶的或在踝部繫扣，也穿皮製長統靴。男女兩者所穿長達膝蓋的束腰外衣在裁剪上沒有很大差別，只是婦女的稍長，用腰帶或帶子繫在腰上。

撒克遜農民的衣服製作的最爲簡單，這是由於他們必須在短暫的閒暇時間裡完成服裝製作，他們穿著有袖的緊身夾克，衣長是從喉部到膝蓋，衣前有一個剛好使頭順利通過的開口，沒有多少寬鬆量，以防冷空氣和雨水進入衣內。農民穿的涼鞋是用皮條和一捲皮革製成的，繫繞於小腿上，而膝部是裸露的，在長筒襪或褲子上面用綁帶交叉紮住，這是撒克遜時代服裝的明顯特點（圖 2-4）。

圖 2-4　撒克遜時代的服飾特點。

## 三、飾物

婦女戴圓形大耳環、寶石項圈、戒指以及貴重金屬做的手鐲，她們會熟練地刺繡做針線活，並將這些技巧綜合運用在有色布料做成的女襯衣、束腰外衣上。爲了表現這些刺繡和彩色布料，她們將外衣的一端捲起來繫在帶子上。衣服上使用的毛皮包括黑貂、海狸、貓、狐狸和羔羊皮。

# 第三節　條頓人的服飾

## 一、男子服飾

條頓族人（註二，圖 2-5）是生活在現今德國地區的古代民族，在中世紀前期已經很強大，關於這個民族有許多古老的傳說和神話。在德國、丹麥、荷蘭的考古工作中，從泥炭層中屢次挖掘出他們的服飾實物。條頓族的男子留長頭髮並編成辮子。有趣的是，如果留唇上的髭就不留唇下的鬚，反之亦然。男子的帽子就是頭盔，一般呈尖狀或圓狀，其最大特點是在頭盔的上面用獸角、獸毛和鳥翼做成挺拔的飾物，這些裝飾材料的使用可能與他們尚未進入農業社會有關，褲子若是短的則小腿繫繩；若是長褲，小腿部的褲子用吊襪帶繫住。鞋用粗皮革做成，在北方森林中，經常披裹獸皮。條頓族男子也穿斗蓬，斗蓬是方形的，飾有色彩明亮的寬條。

圖 2-5　條頓族男子服飾。

## 二、女子服飾

婦女在婚前都將她們的長髮蓬鬆的披在肩上，婚後她們將頭髮編起來，北方婦女用別針向上別起（圖 2-6）。裙子是最簡單的式樣，上端有一拉繩將裙子繫在腰中，上身可穿一件

圖 2-6　條頓族女子服飾。

**註二**

**條頓人**

條頓人（Teutonen）是古代日耳曼人中的一個分支，西元前 4 世紀時大致分布在易北河下游的沿海地帶，後來逐步和日耳曼其他部落融合。後世常以條頓人泛指日耳曼人及其後裔，或是以此直接稱呼德國人。古日耳曼民族或稱「條頓族」(Teutonic peoples，包括盎格魯人、撒克遜人、荷蘭人、後來的日耳曼人、斯堪地那維亞人)，因此，德語與英語（大不列顛群島住的是盎格魯 · 撒克遜人）都屬於條頓語，性質相近，然而因為法國曾入侵英國，英語受到些法語的影響，但基本上，德語及英語容易被混淆。

短罩衫，也可穿一件有袖或無袖的束腰衣。婦女的鞋子式樣與男子基本相同，有時也披裹斗蓬，這些早期的衣服用皮革或羊毛織物做成，飾有條紋圖案或簡單的幾何圖案。卍字是早期具象徵意味的圖案，相傳是象徵太陽、吉祥等標誌。

# 第四節　諾曼第人的服飾

在諾曼第（註三，西元 1066 ～ 1154 年）強盛的時期——威廉一世和威廉二世時期，其向外擴張的戰爭不斷，以致人們沒有心思在服裝上，只有金屬裝飾使單調的服裝有所變化，而披著的大斗蓬也起到了裝飾作用。斗蓬寬大用一個結實的且經過精心設計的胸針繫緊，常是貴重金屬或一般的材料做成，衣服鋪有裡層，常使用貂皮、松鼠皮或兔皮。

## 一、男子服飾

男子的服裝（圖 2-7）似乎採納婦女的式樣，穿在外面的束腰長衣袖子短而肥，長到肘部有飾邊。長袖被穿在裡面，兩者衣長均達膝部並有裝飾。男子穿在裡面

**諾曼第人**

維京人（北歐海盜－ Viking）定居在諾曼第之後，在宗教信仰上多皈依基督教，被稱爲諾曼第人。西元 1 至 5 世紀，大不列顛島東南部受羅馬帝國統治，後來盎格魯人、撒克遜人、朱特人相繼入侵，7 世紀開始形成封建制度。829 年英格蘭統一，史稱「盎格魯 ‧ 撒克遜時代」。

11 世紀諾曼第人對英格蘭的征服，是英格蘭民族形成史上的一個重要階段。1066 年來自法國的諾曼第人征服英國，從而加速了英國封建化的過程，並使法國文明得以在這裡迅速傳播。從此英國便由北歐世界進入了西歐世界。在諾曼第人統治下，法語不僅成爲上流社會的語言，也是行政管理以及教育和文學創作的語言 ( 宗教用語爲拉丁語 )，只是在民間仍通行盎格魯 ‧ 撒克遜語。英國的封建化和中央集權的實現，各地在政治經濟上的統一，促進了語言的接近。於是逐漸形成一種普遍能聽懂的、以盎格魯 ‧ 撒克遜語爲基礎、並吸收有大量法語和拉丁語成分的混合語言，即中古英語。

1337 ～ 1453 年英法之間的百年戰爭，促進了民族意識的增長，使中古英語逐漸取代了法語。1399 年亨利第四即英國王位時，用英語宣誓。從此，英語便成爲全國各階層通用的語言。至此，諾曼第人已與盎格魯 ‧ 撒克遜人融合爲英格蘭人。百年戰爭以法國的勝利告終，英國失去了在法國的土地，從此英格蘭人和法蘭西人便從語言和地域上明確分開。

的束腰長衣是白色的，圓領且有長折邊，若將其放下袖子比手長，穿在外面的束腰長衣其領口較寬，呈 V 字形深約 15cm，領口周圍飾有鑲邊。在衣服的膝部兩側均有長開口，以便行動。斗蓬也長達膝部，呈矩形或半圓形，繫帶於右肩或前胸，除了稍長外，其樣式與撒克遜時代的斗蓬相同，並用胸針別住。

喬塞斯 (Chausses) 是羊毛製褲子，在踝部變瘦。小腿部用細皮條或布條纏繞至膝，有時綁紮至膝和踝部。我們現代人穿的長到膝部的短褲就是從這種褲子演變而來的。諾曼第人的短褲是相當寬鬆的，以便能將其捲到大腿處，並可在上面的腰身處繫住。

男子的鞋是黑皮革製成的，沿著鞋筒到腳背均用窄的紅、黃、藍、綠等色繡花裝飾，並將鞋筒翻至腳踝。在威廉二世時代（1087 ～ 1100 年），鞋變成了尖形的，尖部用毛織品做成，之後鞋筒變得更高，穿時將筒翻過來，以顯露出漂亮的鞋裡。大約到 1100 年，長筒襪成爲普通用品，用一種絨線布料做成的，男子頭戴溫暖的布製兜帽，這些帽子無帽緣或帽頂的中央呈尖形（圖 2-7）。

圖 2-7　諾曼第男子服裝樣貌。

## 二、女子服飾

婦女的服裝與撒克遜時代相同。諾曼第婦女的服裝有兩種束腰長衣：斗蓬和外袍（圖 2-8），現在叫做女式無袖襯衫和長袍。女式無袖襯衫用亞麻布製成，配以長折邊袖。長袍則採用較寬且長達肘部的袖子，搭配長達 3/4 身高甚至更長的裙子。

婦女穿的布利奧（bliaud）是長如罩衫的長袍和一件繫帶的緊身胸衣。裙子肥而直用一寬帶繫在腰間，腰帶是有許多繡花的寬布帶，或是端部有穗的長繩繫住圍腰，垂在身前幾乎到達長袍底邊，下垂的袖口很長，需將其往上捲以免拖地。

圖 2-8　諾曼第女子衣裝。

婦女的髮式是將頭髮簡單地盤繞到頭的後部，頭髮前面是捲曲的，並將頭髮放入頭套中（現在叫做修女頭巾）。在亨利一世時代（1100～1135年），頭髮不再包在裡面，而是流行將頭髮梳成長辮，並用彩色緞帶繫住辮子端部作爲裝飾或用絲帶代替緞帶（圖2-8之圖左），諾曼第時代早期，婦女更喜歡將頭髮曝露在外。

# 第五節　日耳曼民族服飾

自11、12世紀開始，北方日耳曼民族（註四）服裝逐漸發揮其特色，西羅馬帝國衰微後，歐洲歷史文化就分成兩套系統：一爲日耳曼民族向歐洲南部入侵，建立新國家；另外在歐洲也出現許多自保的封建小團體。其二是東羅馬帝國(又稱拜占庭帝國)仍維持中央集權的體制。在服裝方面，歐洲內陸由於受到北方日耳曼民族男子所帶來穿著褲子的影響（圖2-9之上圖），改變了過去古希臘與古羅馬不著褲子的情形，進而奠定往後歐洲男子服飾以穿著褲子爲主流的基礎。至於日耳曼女子服飾，主要是穿著上、下分開的兩件式服飾，上衣有袖子；下裙爲一條條羊毛繩索所組成，到了晚期則由布裙所取代（圖2-9之下圖）。

圖2-9　北方日耳曼民族男女服裝。

**註四**

**日耳曼人**

自日耳曼人開始遷徙的西元前後一世紀起，至四世紀後半止，日耳曼社會的生活情形，一般稱爲「古日耳曼時代」，以別於民族大遷徙以後的時代。當時的日耳曼民族並不是一個完整統一的國家，而是分裂成50鄉個拉丁語系的零星小國。

一般論及日耳曼民族的大遷徙，乃是始於西元375年，因匈奴逼迫，黑海北岸的哥德族渡過多瑙河大舉南遷，定居羅馬帝國領域內的茅西亞(Mocsia)，至各民族相繼的大規模遷徙爲止，才告一段落。日耳曼人的原始居地可能是近代德國的北部地方，包括波羅的海南岸和隔海的斯堪地那維亞半島（Scandinavia），從北歐，他們逐漸西向擴張至北海沿岸，向南擴張至萊因和多瑙兩河，東向擴張至維斯杜拉河（The Vistula）。

日耳曼人體型高大，狀貌魁偉，對短矮的羅馬人看來，他們有若巨人，白膚、藍眼、金髮與地中海民族暗褐色的膚色相比，也顯出強烈的對照。

# 第六節　拜占庭服飾

拜占庭早年是羅馬帝國轄區的一個城市，位於地中海東岸巴爾幹半島和小亞細亞半島的交接處，現名伊斯坦布爾。拜占庭早期的服裝與以前羅馬帝國的服飾相比沒有更多明顯的變化，所不同的是布料質量有了很大提高，服裝上的裝飾紋樣明顯增多，其色彩也較豐富，並帶有明顯的宗教色彩。當時白色象徵純潔，藍色象徵神聖，紅色象徵基督的血和神之愛，紫色象徵高貴和威嚴，綠色象徵青春，黃金色象徵善行，深紫色表示謙德，亮黃色意味著豐饒。

拜占庭的中後期，隨著基督教文化的展開和普及，服裝外形慢慢變得呆板與保守，逐漸失去了古代的自然美，形成絕對的宗教性特色，衣身瘦緊全身包裹，拋棄了古代地中海沿岸赤露胳膊的風格，斗蓬的長度加長，很少有露出腿部的，褲子成了主要的衣裝。

## 一、男子服飾

### (一)緊袖束腰衣

這裡所說的緊袖束腰衣（註五，達爾瑪提卡，Dalmatica）是相對希臘、羅馬時期的衣袍而言，衣身袖子都較以往服裝爲緊，並未達到貼身的程度。緊袖束腰衣是一種沒有性別區分的日常服裝，構成簡單、樸素，是把布料裁成十字形，中間挖洞（領口），在袖下和體側縫合的寬鬆的貫頭衣，從肩到下擺裝飾著兩條紅紫色的條飾——克拉比，緊袖束腰衣的領線很高，爲了便於鑽頭，領線向下挖了一點領口。衣長有至膝蓋或膝蓋以下或直至腳面等不同的長度，穿著時一般常紮一條腰帶。從這個時代起，男女幾乎都拋棄了古代地中海赤露胳膊的風格（圖2-10）。

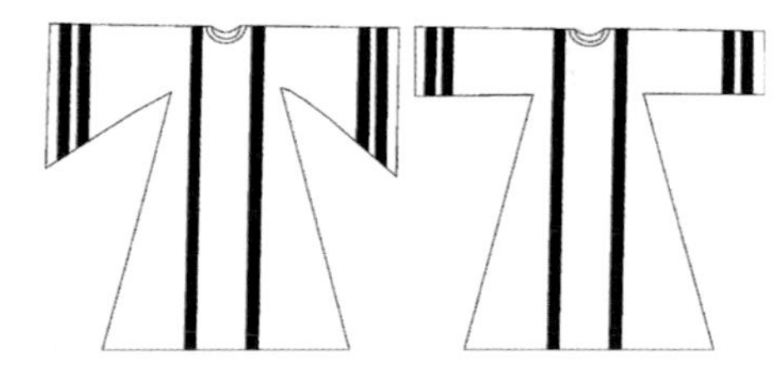

圖 2-10　緊袖束腰衣（達爾瑪提卡）。

**註五**

**達爾瑪提卡**

大約三世紀前後，達爾瑪提亞的優良羊毛，取代了原來由亞麻布製作的丘尼卡，隨後具有裝飾效果的紅色條 克拉比也出現在丘尼卡上面。這樣，達爾瑪提卡就以丘尼卡爲基本結構形式，改變面料並增加克拉比裝飾出現了。

達爾瑪提卡在款式結構上並沒有男女差別，但女式達爾瑪提卡長及腳踝，而男式則短得多。除了用克羅地亞羊毛製作，也選用華麗的織錦製作，或在亞麻布上刺繡精美的 樣。因此，穿著者也從平民百姓轉爲成當時社會地位較高的階層。

## （二）祭服

在拜占庭，祭服的式樣是和羅馬披肩一起使用的。披肩既可披在一邊肩上，也可同時披在雙肩上，長度可遮蓋到臀部。依據羅馬的習慣，宗教服或祭服，通常是以大量寬大的打褶爲基礎，再加上刺繡和飾物，使之看起來顯得很笨重。另外，在祭司服上，還穿一件從斗蓬演變來的僧袍，斗蓬在羅馬只在旅行時穿用。拜占庭人將羅馬斗蓬補充了一只兜帽，在後面繡上標記，還有一條刺繡且飾有寶石的毛織品飾帶（圖 2-11）。此外一種沿用古羅馬軍用外套式樣，用長方形織物製作的大披風，稱「帕魯達門托姆（Paludamentum）」是國王和皇后以及臣僚及其他重要官員才能穿著（註六）。

圖 2-11　在旅行時穿用帶有宗教色彩的斗蓬服裝（左圖），及皇室和朝臣可以穿著的大披風帕魯達門托姆（右圖）。

**註六**

**帕魯達門托姆**

一種沿用古羅馬軍用外套式樣，用長方形織物製作的大披風。 最初用羊毛，有紫、紅、白等不同色彩，五世紀後，拜占庭的帕魯達門托姆面料改用絲綢，衣服的裁片也由長方形改爲梯形，並在衣身上增加了類似中國官服補子那樣表示權貴的方形色塊。同時也對帕魯達門托姆的顏色作出規定，國王和皇后穿紫色的，臣僚及其他重要官員穿其他顏色。

## (三) 斗蓬

拜占庭帝國時期的斗蓬與羅馬式斗蓬的差異，主要是羅馬式寬鬆而拜占庭長而較窄。在拜占庭帝國的全部歷史中，這種長身斗蓬的變化，紿終是大同小異，其差別主要反映在長短上（圖 2-12）。一般市民的斗蓬是服裝中不可或缺的，室內室外都要穿，但比較流行的是半圓形斗蓬，至於方形斗蓬則用一枚大飾針固定在右肩上（圖 2-13）。

圖 2-12　長身斗蓬（帕留姆）。

圖 2-13　方形斗蓬用飾針固定。

## (四) 腳上裝束

羅馬人的腳上裝束非常講究，一雙長筒襪與矮幫鞋同時穿用，腳面部位以鑲有寶石的鎖扣繫牢，拜占庭人對此十分羨慕，並極力效仿。腳趾露在外面的涼鞋，更爲多數拜占庭民眾所喜愛。這種鞋帶有較矮的靴筒，高至小腿肚。另外，他們還十分喜愛用布片從腿部裹到膝蓋之上（圖 2-13）。

## 二、女子服飾

### (一)緊袖束腰衣

拜占庭時期女子同男子一樣，也穿著緊袖束腰衣。但女子的束腰衣袖口變寬，胸部多餘的量被裁掉，漸漸能顯出身體的自然形。這是從裁剪方法上使衣服合體的第一步，也是向開始追求裁剪技法的中世紀服裝邁進的前兆舉動，它暗示著衣服即將脫離古代，進入了一個新的發展時期（圖 2-14）。

圖 2-14　緊袖束腰衣。

### (二)斗蓬

羅馬女子斗蓬，在拜占庭帝國時期仍被婦女所穿用。到羅馬末期逐漸變窄，稱為 Pallium（註七，音譯：帕留姆），與束腰衣一起作為外出服使用，其穿法與斗蓬相同，如圖 2-12。

### (三)面罩

面罩（Veil）是拜占庭時期女子裝束的一大特色，在古希臘、古羅馬時代，女子外出時常用斗蓬把頭包起來，到基督教時代，女子則用面罩，面罩為長方形的布大小種類很多，有齊肩長的，也有能遮蓋住身體的，一般是無花紋的素色織物或有條飾的織物，也有織進金線的豪華織物，還有的織物邊緣做上流蘇裝飾（圖 2-15）。

圖 2-15　女子面罩。

**註七**

**帕留姆和羅拉姆**

拜占庭帝國早期，帕留姆和達爾瑪提卡一起作為外出服穿著，帕留姆採用無花紋的單色織物面料製作。 不穿帕留姆外衣以後，拜占庭人設計了一種稱為羅拉姆的裝飾性服裝代替帕留姆披繞在身上，上面有刺繡或珠寶裝飾。

穿時像圍巾一樣先披搭在肩上，一端自右肩垂自腳前，另一端從左肩經過胸前與前一端交叉，再至右腋下用腰帶固定後拉回到左側，搭在手腕上。或是套頭式披肩從頭往下戴，整個造型呈現Y字型。這種羅拉姆在拜占庭的貴族階層中非常流行。

## 一、問答題

1. 歐洲幾個主要民族服飾的特點何在？
2. 拜占庭時期男裝的特點，請說明。
3. 拜占庭時期女裝的特點，請說明。

## 二、本章要點

拜占庭服飾的東西方交流。

# 第三章
# 羅馬式服飾

# 第一節　文化背景

9 世紀由卡爾大帝統一的西歐大帝國分裂了，其後，由於薩拉森人和諾爾曼人的入侵又混亂了一個時期。直到 10 世紀社會秩序才逐漸穩定下來，從 11 到 12 世紀，在裝飾藝術的領域裏，歐陸開創了以古代羅馬藝術爲基礎的統一藝術樣式，被稱爲羅馬式。

羅馬式原是指建築樣式，今天用來指當時藝術的全部樣貌，羅馬式大約從 950 ～ 1200 年成形於義大利北部和法國，後來則傳播到西歐各地。由於 10 世紀後的社會穩定，使得經濟得以發展，讓歐洲大陸出現了許多新興城市。隨著城市和商業貿易的發展，封建貴族們對城市商品，特別是東方奢侈品的欲望越來越大，於是羅馬天主教會和西歐的封建地主，便向地中海東岸各國發動了舉世聞名的十字軍東征，此戰歷時 2 個世紀之久。

圖 3-1　東方的服飾文化影響了當時的歐洲人。

這場漫長的戰爭雖然在人力、物力、財力上造成了重大損失，但在文化上，卻有效地促進了東西文化的交流和貿易往來。就服裝而言，十字軍將歐洲服飾風貌帶入所經之地，十字軍返回，又將東方的服飾文化帶回了歐洲。東方的文明，特別是那些美麗的衣料與異國風情的服飾，征服和影響了西歐人，使得追求東方風格成爲一種時尚（圖 3-1）。

# 第二節　羅馬時代的服飾

此時的歐洲服飾是南方的羅馬文化、北方的日爾曼文化和由十字軍帶回的東方拜占庭文化的融合，這個時期是日耳曼人吸收基督教和羅馬文化後，逐步形成獨自服裝文化的過程，亦是西洋服裝從古代寬衣邁向近代窄衣的過渡階段。表現在服裝上的是以不顯露身體曲線爲主張，從頭上垂下的面紗把全身都掩蓋起來。

此外，女子服飾中出現了收緊腰身和顯露體態的款式，這是在衣服上顯示性別差異的前兆，也預示著哥德式時代以亮麗造型爲流行的時代來臨（圖 3-2）。

羅馬式時代的服裝其基本款式有長的窄袖內衣—— Chainse（音譯：纖姿）、長袍外衣—— Bliaud（音譯：布里）、斗蓬—— Mantle（音譯：曼特爾）。

布里奧（英語：Gown，法語：Bliaud）爲極具特色的大喇叭袖之連身衣裙，領口呈倒三角形，裙襬後端拖得很長，有緣邊裝飾，爲長而圓的型式搭配腰帶裝飾，布料輕薄，屬於棉、絲織品，臀胯位置上有帶狀飾物，整體剪裁方式採用合身多片裁剪的方式，具剪接和打褶的表現技巧，亦是近代服裝裁剪方式的前身（圖 3-3）。

有時還在外面套有緊合體型的短背心，被稱爲 Cor-sage（音譯：柯爾薩折），據說是將三層布用金銀線加以縫合，有時還縫綴寶石成爲極富裝飾性的背心。在背面衣身後中心的開口處以編鈕（Lacing）編合衣身（圖 3-4），從頸部自腰線處交叉穿梭，顯現衣服貼合身體的自然曲線，往後成爲歐洲女性緊身胸衣的雛形。

布里奧的袖子變化很多，成了這個時期服裝上最具特色、最精采的部分，這一時期最有代表性的袖型是從袖根到肘部緊身，肘部以下驟然變大，還有的袖襱很小，袖子自袖根到袖口呈曲線狀地增大，總之，所有袖子的共同特點都是袖口非常大，如圖 3-3 所示。

圖 3-2　左爲羅馬前期女裝，右爲羅馬後期女裝，窄袖內衣和斗蓬。

圖 3-3　羅馬式時期的長袍外衣——布里奧。

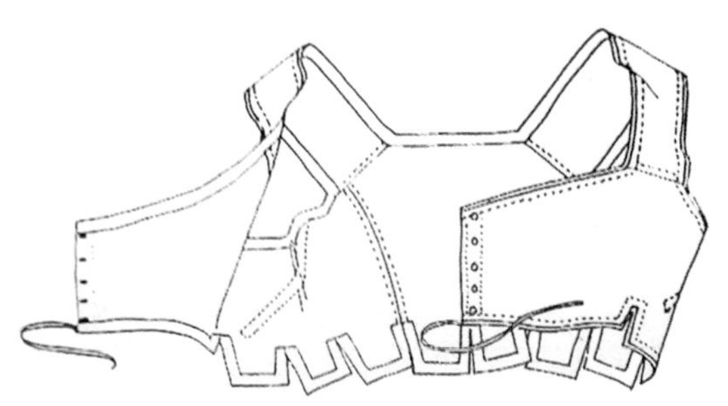

圖 3-4　短背心——柯爾薩折，背面衣身後中心的開口處以編鈕編合衣身。

纖姿和布里奧的造型相近，都是筒形的 Tunic 式衣服，其不同點主要在於前者比後者衣身要長，袖子爲緊口式，用料比穿在外面的布里奧（長袍外衣—— Bliaud）在色澤上素雅。

此外，曼特爾是此時的外用斗蓬，有半圓形和長方形之分，其形狀與穿法類似小型的 Toga 托加（圖 3-5）。

圖 3-5　外用斗蓬——曼特爾。

# 第三節　十字軍東征

中世紀後期，以羅馬教皇爲首的天主教會與當時的封建統治者相勾結，展開了一場向東方擴張的戰爭。幾個世紀以來，虔誠的基督教信徒一直陸續前去巴勒斯坦朝拜聖地。但是土耳其人於 1071 年摧毀拜占庭帝國軍隊之後，繼續向敘利亞和巴勒斯坦進攻，使前去朝拜的基督教徒受到威脅。統治者於是利用這一點，號召信徒們東征奪回耶路撒冷（圖 3-6）。

圖 3-6　十字軍盔甲服。

西元 1099 年，十字軍奪回了耶路撒冷，這場戰爭對十字軍士兵產生了深遠的影響，他們領略和學習到近東地區的古老文明，對親眼所見的外國服裝精美豪華的紡織布料、寶石珍珠以及刺繡藝術和服裝設計更是有了廣泛的了解，對後來西歐服裝的演變和革新產生了巨大深遠的影響。同時，十字軍也把西方文化帶到東方，這不僅是東西方服飾文化的一次大交流，更是東西方文化的一次巨大融合，十字軍東征給歐洲服飾的發展演變帶來了重要的影響，如以下兩點。

1. 東方的薄型布料對歐洲的服裝影響極大，通過貿易的引進，讓薄布料服裝成爲時尚，使得柔軟飄逸的造型風格得以發展，同時吸收了愛琴海岸的古老束腰衣造型，使男女服裝上出現了許多直向的襞褶，使來自北方的日耳曼式的緊身服裝外形同南方和東方的造型特徵融爲一體（圖3-7）。
2. 受東方影響，此時的服裝開始注重服裝的紋樣裝飾和布料色彩的搭配，以及用不同材料、不同色澤裝點刺繡，並通過色彩紋樣的不同直接反映穿衣者的身分、階層和地位（圖3-8）。

圖 3-7　採用東方的薄布料後，歐洲寬鬆的服裝型態顯得較爲柔軟飄逸許多。

圖 3-8　服裝注重紋樣裝飾和色彩的搭配。

# 第四節　紋章與辨色服

羅馬式時代、乃至日後的哥德式時代，歐洲都十分盛行使用紋章圖案與色彩區別作爲服裝的表現，時稱辨色服（服裝上飾有不同圖案和色彩的衣裝）。從1095年第一次十字軍東征以後，十字軍的騎士們就在衣服、器物（如盾牌）畫上紅色的十字（圖 3-6），作爲十字軍的標誌。約從此時起，在歐洲逐漸興起使用紋章的熱潮，貴族階層之個人、家族以及城市的社團機構，都用各種圖案和實物圖樣組成紋章，作爲自己的標記，例如在1455～1485年間，英國的「紅白玫瑰戰爭」就是因蘭加斯特家族與約克家族，分別以紅色及白色的玫瑰作爲族徽而得名。由於貴族之間的通婚，使得紋章圖案經過合並以後變得愈來愈複雜，以致有些學者專門從事紋章學的研究。

約在13世紀末，歐洲人開始把紋章畫或繡到衣服上。剛開始紋章在衣服上所占的面積並不大，漸漸地愈變愈大，後來乾脆在全身衣服的製作上以按照紋章的色彩進行組合，於是出現了一種獨特的衣服即「辨色服」（圖3-9）。既然紋章圖案常常出現不對稱的色彩構圖，於是衣服上也有不對稱的色彩出現。在當時的市鎮上，如果一個人的褲腿左邊是紅色，右邊是綠色，是不足爲奇的。從義大利及其他歐洲國家的壁畫上，可以看到大量的這種服裝。到了18世紀以後，只有國王弄臣的服裝上以及舉行大典時所穿的某些制服上還遺留有辨色服的痕跡，日常生活中已不複存在了。衣服紋章的使用，開始時只在武士、騎士中盛行，爾後影響到一般男子們的服裝，最後才影響到女子裝飾上，致使整個社會中紋章盛行。

圖3-9　「辨色服」服裝圖案常常出現不對稱的色彩構圖。

中世紀前的衣料上，紋樣往往只用在衣服邊緣裝飾，到中世紀後期已發展到整件衣服全以圖案作裝飾。圖案包括：幾何紋樣、花鳥、植物和器物等，在織法上也有複雜的明花、暗花等不同紋樣。

## 一、問答題

1. 羅馬式藝術風格與服飾特點爲何？
2. 辨色服的特點和由來。
3. 十字軍東征在服飾史中的意義何在？

## 二、本章要點

文化交流傳播的表現與特點

# 第四章
# 哥德式服飾

# 第一節　文化背景與服飾特徵

12～13世紀，以法國爲首的封建領主們大部分皆參加了十字軍東征，並將各國豐富的生活方式帶回自己的領地。戰爭結束後，在13世紀到15世紀，隨著社會秩序的安定，領主們將東征時的東方經歷與其豐富的生活方式，用以改善自己的生活環境。造成他們改變以往的歐陸羅馬式服裝，而以全新的藝術形式將服飾風貌予以變革。由於當時經濟的發展和社會的穩定，使得新審美觀點的確立，讓服飾趨於式樣化和功能化，在整個歐洲大陸亦形成一種跨區域性的時尚風格。

所謂「哥德式」是西元12世紀末首先在法國興起，隨後於13、14世紀流行於全歐洲的一種建築形式。這一名詞是16世紀時由義大利人提出並得到廣泛認同的，實際上此一名稱與哥德人並無關係，它是在一種貶抑的態度下所命名的。因爲當時16世紀義大利文藝復興的藝術思潮是崇尚古代希臘和羅馬的藝術風格，然而哥德式建築則大異其趣，因此貶抑其爲半開化（或野蠻）的樣式而稱之。此外，歐洲總是把哥德人當作蠻族來看待，所以借以暗諷這種建築形式。

「哥德式」的藝術其實是封建中世紀最光輝的成就，從內容到形式都具有顯著的價值，它是當時人們藝術思潮的智慧結晶，無論建築工藝還是藝術創新都有極高的變革與進步。儘管哥德式是由歐陸的羅馬式發展而來，就建築樣式而言，卻一反歐陸羅馬式建築渾厚沉重的半圓形拱頂與牆面，大量採用線條輕快的尖形拱頂、造型挺拔的尖塔強調垂直效果，呈現出崇高輕盈的飛扶壁、修長的立柱以及彩色玻璃鑲嵌的窗飾，造成一種向上昇華的天國幻覺，垂直線和銳角的強調是其特徵。它反映基督教盛行時的宗教色彩和觀念，以及中世紀城市發展的物質風貌，其代表作有法國巴黎聖母院（圖4-1）、德國科隆大教堂、義大利米蘭大教堂。

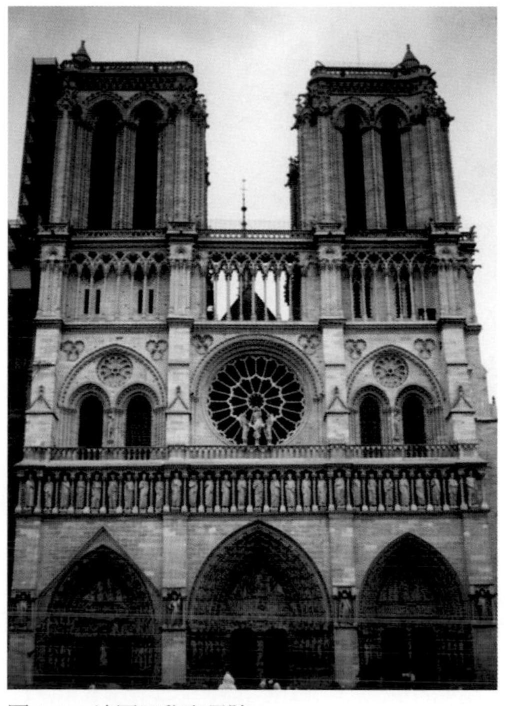

圖4-1　法國巴黎聖母院。

此時的服飾與歐洲的其他藝術一樣，受到哥德式建築風格的影響，在整體服飾上多強調縱向的垂直線，並刻意拉長帽式、延長鞋頭、增高人體的視覺高度，造成一種輕盈向上的感覺。男子主要戴尖型帽，留尖鬍鬚並穿尖頭鞋，其服裝緊身瘦長，女子主要穿緊身長裙，拖地的裙擺長達地面的長袖，袖口裝飾許多直向線條，同時男女服飾的布料與配色正如教堂中的彩繪玻璃窗，十分華麗繽紛（圖 4-2）。

14 世紀中，出現了男、女衣服造型上的分化，男子服裝短上衣和緊身褲組合成的上重下輕與富機能性的梯形輪廓線條成爲對比，女服的上半身緊身合體而下半身裙子寬大，形成上輕下重的 A 字形輪廓線，並且更富裝飾性。至此一直到 20 世紀初，男女服裝分別因應時代的潮流而反覆變化，演繹出許多令人眼花撩亂的樣式（圖 4-3），但男女裝由此誕生的基本輪廓外形卻很少改變。

圖 4-2　教堂中的彩繪玻璃窗。

圖 4-3　男子服裝爲短上衣和緊身褲組成上重下輕與富機能性的梯形輪廓線條；女子服裝的上半身緊身合體而下半身裙子寬大，形成上輕下重的 A 字形輪廓線，並富裝飾性。

# 第二節　劃時代的服構剪裁技術

到了 13 世紀，歐陸羅馬式時代產生的那種收腰身的合身服飾外型，得到充分的發展和強調，同時出現了立體化的裁剪手段，使包裹人體的衣服由過去的二維服裝構成方式邁向三維服裝構成的方式發展。此時製衣技術的變革中最具代表性的便是在格陵蘭（Greenland）所發現的服裝繪圖，它是古代剪裁技術與近代服構剪裁技術的分水嶺（圖 4-4）。

在格陵蘭所發現的服裝繪圖的衣裙在裁剪方法上出現了新的突破，新的裁剪方法是從前中心、脇側、後中心三個方向去掉了胸腰尺寸之間相差的多餘部分，也就是我們現在衣服上的「修飾褶份」，特別是這件衣服從袖根到下擺，在衣服脇側加進數條三角形布，這些不規則的三角形布在腰身處形成了許多菱形空間，構成過去衣服上所不曾有過的立體效果。在這件格陵蘭所發現的服裝衣裙上同時運用了增缺減餘的方法（現代服構剪裁方法也正是依據這個基本原理進行）把衣服的裁剪從古代由二維所構成的寬衣，發展成近代三維構成的裁剪製衣方法。它使東西方的衣服在構成的形式和觀念有所區分。其中修飾褶份技巧的出現和運用也確實發揮了關鍵作用。修褶改變了原先從兩側收腰時出現的不大合體的橫向褶皺，可以毫不勉強的把軀幹部分的自然曲線表現出來，服貼人體（特別是女性）的曲線美因此產生。

圖 4-4　在 Greenland 所發現的服裝繪圖暨剪裁技術，顯示已邁向近代三維服裝構成的方式。

# 第三節　哥德式的服飾

中世紀的歐陸羅馬時期，服裝通常只按人體外形的常見尺寸來裁剪，從不考慮配合人體的長度和寬度的比例完成個人的服裝。到了哥德式時期，約 1200 ～ 1400 年，審美的觀點已和古代傳統觀念完全決裂。由於建築尖頂的利用，才使建築的垂直線得以突顯。而這一點也在服裝上獲得反映，這時的服裝不受身體的自然體型尺寸的約束，刻意把人的外形輪廓線拉長。

## 一、男子服飾

哥德式初期，男子服裝尚屬蠻族人式樣，袖大而多褶。貴族穿的短褲是綢緞製成並用金線刺繡。男鞋是西班牙式，類似今天露出腳趾的鞋，用一顆釦子或鈕結繫牢。14 世紀中，鞋的變化很特殊。最初是很長很尖的「豬爪形」，以後成了彎曲而尖的 Poulaine（音譯：普雷納），即鳥嘴式尖頭鞋。這種很長的尖頭鞋很難走路（裡面塞有填充物），必須用一條鏈子將它與鞋子串在一起，當時鳥嘴式尖頭鞋的長度與身份相關，若在戶外還會套上木屐（Sabot），當時男子也穿柔軟而高的長靴（圖 4-5）。

圖 4-5　哥德式時期的鞋子，即鳥嘴式尖頭鞋。

男士們愛打扮，甚至用金線束飾鬍鬚，還將它們分成幾個小撮。頭上戴一種白布便帽，或無束帶的船舵形帽和垂邊帽，稱爲無邊帽（Togue）。這種帽子的式樣在三個世紀裡不斷演變著，從樸素到荒誕。古代帆帽演變成頭巾（Chaperon），到 15 世紀又變成飾綬帽，人們把這種羽毛帽稱爲「雄鴨帽」。顫式帽只有貴族和新興資產階級可以佩戴（圖 4-6）。

圖 4-6　哥德式時期的男女帽式。

14世紀初，白細棉布外衣和長袍由上衣Cotta（音譯：科特）和外衣Surcot（音譯：修爾科）取代。人們在上衣（科特Cotta）之外，加罩一件貫頭式的筒形外衣（修爾科，Surcot）。修爾科（筒形外衣）的袖型變化很多，也有無袖的，男子的修爾科（筒形外衣）常在腋下開口，從裡面伸出手臂，讓袖子自然下垂或搭在肩上（圖4-7）。

圖4-7　男女長外衣——修爾科。

另外一種外衣，其長度在膝蓋以下，前胸開襟無釦兩袖較長，袖口有時飾有羊毛，衣領呈大翻領式樣，穿起來有斗蓬的意味。這種外衣最大的特點是袖子外側開一長口，手臂可從裡面伸出，穿著時手肘可自由進出。手在裡面時是一件完整的外衣穿法，手伸出時袖子自然下垂，和衣身連在一起像一件披風（圖4-8）。

男子斗蓬（圖4-9）分長斗蓬、短斗蓬和有寬大袖口的斗蓬（Housse）（類似司祭服，側面開口）。有時短斗蓬加一個領片就成了短外套。

圖4-8　哥德式時期的男子外衣，穿著時手肘可自由進出。

圖4-9　哥德式時期男子斗蓬。

## 二、女子服飾

女子服裝與哥德式建築結構相類似，特別重視浮雕和線條，婦女把上衣製作成貼身的連身式長袍，並用一條腰帶束身。敞開式領子有一條開縫，用銀鈎釦住；上衣很長，其長度是一種等級的標記，只有高貴的太太允許後擺拖地，並有權染成綠色。外衣袖口很深（或無袖長背心）套在上衣外，到了晚上才允許鬆開，於是人們改用金鈕釦將其釦牢，金鈕釦的用色時常更換。1370 年左右，時興將各種皮革裝飾在袖口上，以後袖襬變得愈來愈寬大，人們將它取名為「地獄之門」，這正好顯示了受婦女身體誘惑的中世紀苦行者的心態，側面的開口處能見到裡面的上衣，而上衣本身也開口，顯露出經過精細刺繡的襯衫（圖 4-10、圖 4-11）。外衣 Cyclas（音譯：賽克拉斯），它是一種無袖寬鬆的筒形外衣，其造型多樣，共同的特點是前後衣片完全一樣。賽克拉斯可區分為禮用和常用兩種。禮用的下擺拖地，常用的下襬離地尺餘。

圖 4-10　哥德式時期女子代表服飾——上衣與外衣－賽克拉斯。

圖 4-11　圓錐形高帽——閤寧。

婦女用面紗遮蓋她們的頭髮，頭戴很高的帽子，其中最出名的是圓錐形高帽 Herncin（音譯：閤寧），這是一種罩有雙層面紗的尖形喇叭帽，這種帽子流行了一個世紀（圖 4-11）。

以後，這種帽子的底部演變成一種環形底邊。帽子的高度仍然較高。圓錐形高帽並不是當時唯一的高帽子（圖 4-6、圖 4-12）。女性的頭髮在頭頂上分梳成兩個尖角的髻，再加上面紗的遮掩，使其側影變得很細長，大大地增加了人的自然高度（圖 4-12）。

採用絲綢或天鵝絨製作的華貴服裝其色彩也較偏深色，服裝兩側脇邊各爲一色，是大受採用的一種款式。每邊不同色彩引起兩邊長度不同的感覺，甚至短褲也染成各別不同的色彩搭配衣服的用色，造成協調的效果，這是辨色服殘留的影響。

皮製服裝是貴族和富裕資產階級才可以穿著，內裡通常使用斜紋嗶嘰布、法蘭絨和綢緞，一般平民穿著呢絨或羊毛衣服，農婦常常紮一塊長尾形且兩側有角的頭巾，穿羊毛服裝或粗斜紋布袍，用腰帶高束；腰部繫住一條半圓形布袋，袋內放日常生活用品，稱謂麵包袋，在腰前再加一條小的工作巾（類似圍巾），達到護服的作用。

圖 4-12　梳成兩尖角的髻與圓錐形高髻。

## 三、男裝二件式的約定俗成

14 世紀中的歐洲地區，以西班牙卡泰羅尼亞短衣爲起點，以穿短袍的人和穿長袍的人之間產生的對立情形爲終結，男子服裝發生了急劇的變化，結果穿著短袍者得到了普及。

「袍」這個字現在已非當時的含義，嚴格來講袍屬男子服裝，衣才是屬於女子服裝。最初，袍指許多衣服的總稱，而單獨一件衣服叫服裝。最流行的袍式套裝包括三件服裝：簡單的上衣或一件小上衣（Tunic），一件無開口的外衣（以後成爲開口的），以及一件斗蓬（外套式或鐘形式）。只有帝王的袍爲六件成套式，一些大領主、公爵是爲五件成套。西元 1340 年前後，帝王的臣屬出門時也敢穿短衣服了，當時的服裝平均 70cm 長。後來短袍得到了普及，而長服僅是統治階層在重要儀式時才穿，只有教會和議員以袍來顯示身份高貴，從此時起穿短袍的人會以佩帶劍來區別於穿長袍的人（圖 4-13、圖 4-14）。

圖 4-13　男子二件式服裝。

圖 4-14　男子緊身上衣－布爾布因。

長袍之後，出現了緊身上衣 Pourpoint（音譯：布爾布因），緊身上衣——布爾布因（Pourpoint）這個名稱來自法國古語 Pour Poindre，原意指「布納起來的和絎縫的衣服」。本來這是穿在士兵鎖甲裡面或外面、爲防止肉體損傷用數層布納在一起的結實上衣，最初衣長及膝。到 14 世紀中，衣長變短到腰或臀部，並在一般男子服裝中普及（圖 4-14）。

圖 4-15　緊身上衣布爾布因與套襪——肖斯的組合。

這種衣服很緊身，前面用鈕子固定，胸部用羊毛或毛屑塡充，使之鼓起來而腰部收細，袖子爲緊身長袖，從肘到袖口用一排鈕子固定，一般無領。以鈕子固定是布爾布因的一大特點，據說這種形式是從亞洲服裝上引進的，富有功能性。從此，這種形式被固定在西歐人的著衣習慣中，鈕子也正式進入歐洲歷史。當時人們不僅把鈕子作爲固定衣服的配件，還把它作爲裝飾，使用的數量也遠遠超過實際所需，布爾布因的用料也很豪華，有天鵝絨、織綿、絲綢和昂貴的毛織物等。穿著「布爾布因」的同時要配一條將腳和腿遮住的套襪，以及毛呢和緞布製做的短褲，後來統一成一條長褲，有時連臀部也遮蓋不住，實際上這種服裝不應稱爲褲，而是一種長襪。這種服飾稱爲 Chausses（音譯：肖斯），英語稱 Hose（音譯：胡斯）(圖 4-15)。中世紀初期是男女皆用的襪子，隨著男子上衣的縮短而向上伸長到腰部，依然左右分開，無襠，各自用繩子與外衣或內衣的下擺連接。從著裝外形上看，很像緊身褲。過去男子穿的褲子隨之變成短內褲（圖 4-15），穿在肖斯（長襪）裡面，肖斯在腳部的形狀有的保持了襪子狀，把腳包起來腳底部還有皮革底；有的已進化爲褲子狀，長及腳踝或腳踵，其用料有絲綢、薄毛織物、細棉布等。

1384 年初，在先前的褲襠處增加了布料成了高褲襠的開口長褲，以後變成了短褲，形式隨褲長的程度而定，前期是燈籠褲，到後期燈籠褲的名字改成馬褲（一種中間鼓起的短褲），在大腿部位寬大並打褶（圖 4-16）。以後就完全採用高短褲的形式，褲子大而短用天鵝絨或繡花綿綢做成。

圖 4-16　哥特式時期的褲子。

布爾布因與肖斯的組合成爲後來歐洲男子服裝中的西服上衣和西服褲子的原型。從此這種富有功能性的上重下輕型二件式取代了傳統的一件式筒形樣式，使男服和女服在穿著形式上有了區別，使得從衣服的構成與形態上獲得性別的區分而且是明確清楚的，此外，女子的上衣也成爲歐洲婦女服裝的基本原型。

## 四、其他服飾

15 世紀中，出現了一種奇異的服裝式樣，在寬袖長外套的衣服邊緣上裝飾仿傚像似葉片般的裁片，並裁成許多的小舌形，穿著在短的緊身衣外。特別是在統治階級和大商人中流行一種叫做 Houppelonde（音譯：奧布蘭多）的裝飾性外衣，可說是哥德式後期服裝樣式的代表（圖 4-17）。其造型特點是肩部較爲合體，從肩部起向下衣身非常寬鬆肥大，男服衣長及膝，是爲套頭或前開襟，繫腰帶下邊與肖斯組合；女服衣長及地套頭穿，高腰身，裙子部分非常肥大。初期的裝飾性外衣——奧布蘭多有很高的立領。袖子很大呈扇形，很像我國的寬衣博袖或日本的和服袖子，各種鋸齒形邊飾裝飾於袖口和下擺，甚至在服裝上縫一些小鈴鐺作爲飾物（圖 4-18）。

圖 4-17　奧布蘭多的裝飾性葉狀袖。

圖 4-18　哥德式後期，各種鋸齒形邊飾，裝飾於袖口和下擺。

圖 4-19　飾有絲帶的白髮網很巧妙地將頭髮繫在婦女的頸部；也有將頭髮垂到腳踝外，頭髮被絲帶間隔狀的繫紮，形成一段段的裝飾。

在義大利，其美學的觀念尚未擺脫羅馬藝術的影響之際，受哥德式風格的影響較小。約 1450 年時間，某些哥德式樣還表現在婦女拖地長裙上；一條繫高的腰帶，V 字形的深凹衣襟。男子服裝也有同樣表現：穿緊身有鈕釦的短上衣和短褲，有些短褲體部分是用棉布或皮革縫成的，在腰帶處開口，而另一些短褲縫合成馬褲式樣，纏頭巾型式的帽子爾後漸被扁平帽或截頭圓錐帽所取代，文藝復興的風格已露出端倪。

愛波爾涅王朝影響下的英國，以服飾色彩的多寡來區別王室的職位，帝王使用七色，貴族使用五色，平民是白和黑色。此外，在西班牙有多種髮式，飾有絲帶的白髮網很巧妙地將頭髮繫在婦女的頸部（圖 4-19），另外有的將頭髮垂到腳踝外，頭髮被絲帶間隔狀的繫紮，形成一段段的裝飾；男子將頭髮繞在彩帶織成的頭巾裡。摩爾人的影響還表現在天鵝絨或皮革的繡花矮鞋上，與早期彩色玻璃表現上帝的光照相反，晚期的彩色玻璃從表現光，發展到致力於色彩的表現和顏色的趣味性，服飾的趣味也趨向於色彩和圖案的結合，從而呈現出單純追求豪華而失去了中世紀宗教與禁欲的風格傾向，轉而迎向文藝復興的嶄新風貌。

## 一、問答題

1. 哥德式藝術的特徵有哪些，請文字敍述。
2. 哥德式服飾的特點，請以繪圖方式說明，並文字敍述。
3. 哥德時期男子的頭飾和鬍鬚，請簡述他們的特點。
4. 男子二件式服裝的形制與確立背景，請以文字加以說明。

## 二、本章要點

歐洲服飾文化與其他文化藝術的關係。

# 第五章
# 文藝復興時期的服飾

# 第一節　文化背景

## 一、文化思想

「文藝復興」是14世紀末至17世紀初，西歐各國先後發生的資產階級文化運動。它是人類文明發展史上的一次大變革，標誌著從中古世紀以來，歐洲如何自經濟停滯中恢復過來，開始另一段的經濟成長期，更重要的「文藝復興」是一個藝術、社會、科學及政治思想開創新方向的時代，是西歐資本主義的出現與萌芽，封建制度開始解體的時代，新興的資產階級和市民階層向封建勢力進行勇猛的衝擊。這種鬥爭在文化上的表現便是「文藝復興」。法文中有「再生」之意的「文藝復興」一詞，原意係指「希臘與羅馬古典文化的再生」，但當時西歐各國新興資產階級的文化運動包括一系列重大的歷史事件，決不是「文藝復興」一詞所能充分表達的，它的意義和作用也非「復興」二字能夠概括。

「文藝復興」包含極爲豐富的內容，其中包括「人文主義」的興起，對學院哲學和僧侶主義的否定、藝術風格的革新、方言文學的產生、近代自然科學的興起與發展、以及印刷術的應用和科學文化知識的傳播等。這一系列重大事件，與其說是「古典文化的再生」，更可說是「近代文化的開端」；說是「復興」，更該說是「創新」。

「文藝復興」在人類文明發展史上象徵新文化的展開，是當時社會的新政治、新經濟的反映，是新興的資產階級在思想和文化領域裡的反封建運動。「文藝復興」是一次人類從來沒有經歷過最偉大的進步與變革，充滿著對思維能力、熱情、多元性格與多才多藝和學識淵博極度需求的時代。

在文藝復興時期，產生了彼特拉克、伊拉斯謨這樣著名的人文主義學者、但丁、莎士比亞這樣不朽的文學家、達文西、拉斐爾、米開朗基羅這樣卓越的藝術大師、托馬斯．莫爾、康帕內拉這樣傑出的社會主義者，與哥白尼、布魯諾、伽利略、開普勒這樣偉大的科學家，也產生了弗朗西斯．培根這樣先進的思想家。他們在人類文化史中留下了寶貴的遺產與智慧的光芒。

新興資產階級有自己的世界觀和人生觀，這種觀念是與封建時代的時期互不相同的。他們以人爲中心來觀察問題，讚美人性的美好反對神權，以人性代替神性，充分肯定了人的價值和尊嚴；強調人生不應該消極遁世，而應該積極進取；

提倡個性解放，樹立仁愛、平等的觀念。此外亦提出「人文主義」的口號，與其祈禱「上帝」不如相信自己，與其迷信「天堂」和「未來生世」，不如正視當前人生的現實；與其禮拜大自然，不如研究並利用大自然；他們主張文學藝術要能反映「人」的眞實情感，科學技術要能增進「人」的福利，教育要能發展「人」的個性，即要求把人的思想、感情、智慧從封建神學的束縛中解放出來，這就是「文藝復興」發生的主要原因。

在中世紀末期，義大利是資本主義因素增長最快的地區，而它又是羅馬古典文化的老家，因此義大利就成爲「文藝復興」的中心和發源地。尤其是佛羅倫斯城在數百年間人才輩出貢獻巨大，被譽爲「文藝復興的聖地」。接著「文藝復興運動」又傳到法國、德意志、英國、西班牙等地。

## 二、藝術風格

15 世紀和 16 世紀，文藝復興運動進入高潮，這時義大利的文藝復興主要在藝術表現上湧現出許多卓越的藝術大師，並且交相輝映。然而此時的藝術繁榮決非偶然的現象，自 14 世紀以來西歐各國生產技術的發展，爲文化藝術的創新提供了物質的基礎。社會經濟的發展，使文化藝術的繁榮鼎盛成爲可能。其次是當時的新興資產階級和平民階層要用自己的世界觀來創造世界，這個階層的藝術家，醉心於用藝術形象來表達自身階層的要求和志趣他們的作品雖然諸多取材於古代的傳說和聖經的故事，但已具有新的內容和表現手法，文藝復興時期所遺留下來的建築、雕刻和繪畫，生動地反映了當時代的風貌。

隨著古典文學藝術的復興，古代希臘、羅馬的建築術也復興了，在 15 世紀初，佛羅倫斯的建築師布魯涅爾斯奇（1378 年－ 1446 年）採用古羅馬圓頂拱柱的結構，建造了佛羅倫斯的聖瑪麗亞大教堂。後來布拉曼特（約 1444 年－ 1514 年）、巴拉狄奧（1518 年－ 1580 年）大建築師，使這種圓頂拱柱的建築設計更爲完美，終於風靡全歐，成爲一種最重要的建築形式，其中最著名的是羅馬的聖彼得大教堂（圖 5-1）、巴黎的羅浮宮、馬德里的愛斯科里宮以及倫敦的聖保羅大教堂。

圖 5-1　文藝復興時期的建築。

在文藝復興時期雕刻也有了新的生機，此時雕刻已成爲一個獨立的藝術形式，由於考古學的發現，古代雕刻得以重見天日讓人們眼界爲之一新。15、16 世紀義大利的雕刻，宛如公元前 4、5 世紀希臘雕刻的再現藝術水準很高，當時著名的雕刻家有吉伯蒂（1378 年— 1455 年）、杜納太羅（1386 年— 1466 年）、米開朗基羅等，他們在造型藝術方面有很高的成就。

然而在文藝復興時期成就最大的還是繪畫，代表人物是李奧納多・達文西、拉斐爾、米開朗基羅和提香。圍繞在這些偉大藝術家周圍的還有一大批卓越的繪畫大師，使當時的繪畫藝術達到空前的鼎盛。這些大師們在繪畫中引進了「透視學和解剖學」等科學思想，在題材上選擇世俗生活和歷史故事爲內容對象，直接反映現實生活和寓意。

文藝復興時期的服飾也有很大的發展（圖 5-2），整體面貌如同建築風格一樣，一反哥德式時期強調直向線和尖塔高度的特點，主要強調橫向線和厚重感，布料和裝飾更加華麗，男裝在中世紀上下兩件式的基礎上，更加強調上重下輕的感覺，整體輪廓線呈 V 字形。女裝出現緊身胸衣和裙撐，上身多呈 V 字形、下身爲 A 字形，整體輪廓線呈 X 形。男子以寬大的上半身和緊貼肉體的下半身之對比來表現性感特徵；女子則以上半身胸口的袒露和緊身胸衣的使用，與下半身蓬大的裙子形成對比，表現出胸、腰、臀三位一體的女性特有性感特徵。

男子服裝重心在上半身，女子服裝重心在下半身，這種兩性對立的形態表現，是自哥德式以來西洋緊身衣文化發展的重大成果，這種兩性服裝截然不同的特徵一直影響西洋服飾發展近五百年。此外文藝復興早期，義大利的服裝主宰著歐洲服飾變化，到了 16 世紀上半，便由德意志（德國）、瑞士式樣居主導地位，隨後西班牙因受到經濟貿易占當時歐洲的主導地位，使其藝術與服裝對當時的歐洲造成很大的影響，尤其在服裝的樣式花色與用料，成爲文藝復興最具代表性的時代特點。所以文藝復興可分爲義大利時期、德意志時期和西班牙時期三個階段來敘述。

### (一) 義大利時期特色

1. 下擺拖地是受哥德式服飾影響。

2. 袖子爲活動式。

3. 前中心袖攏處用穿繩來固定。

4. 服飾型態較簡單，依體型與活動量作多片剪裁，因此過於合身易妨礙活動。

5. 領型為U或V型的領口。

## (二) 德意志時期特色

1. 裂縫為表現配色之效果。

2. 領型改變不再是方方，而是帶有一點弧線。

3. 強調肩寬，帽型如修女帽。

## (三) 西班牙時期特色

1. 用束身衣及裙架使腰身加長而細小，型成吊鍾形的裙式，裝飾華麗而複雜。

2. 開屏狀伸展至肩部的領子及袖子上的裂縫。

## (四) 法國時期特色

1. 前裙開叉，露出華麗的襯裙，為內衣外表化的表現手法之一。

2. 貴族服飾為寬大的袖子，內衣露出，中間開叉，頭帶有珠寶裝飾。

## (五) 英國時期特色

1. 扇形的皺領。

2. 袖型為羊腿袖。

3. 英國女皇使用法國裙架。

4. 全身加了許多珠寶更顯華麗感。

圖 5-2　文藝復興時期，義大利的男女服裝變化。

# 第二節　義大利風格的服飾

在中世紀後期，義大利服飾沒有完全受哥德式風格的影響，沒有流行高筒女帽和尖頭鞋，而是穿著方形寬肩短袍、平頭鞋，這是說當時義大利的服飾是按著自身的傳統文化進行發展（圖 5-3），此時期義大利的服飾更是蓬勃發展並影響著整個歐洲，尤其深刻影響著法國式樣，特別在男子服裝上，而女子服裝同時還受德國和西班牙風格的影響。當時在義大利已不再流行絲織品，而是崇尚金銀線夾織品，義大利人喜愛扁平或規則排列的折褶，男子通常全身穿天鵝絨布做的衣服，衣服不再注重長度的效果，而是盡可能地變寬。

## 一、男子服飾

### (一) 上衣

這時期有各種長度的衣服，除老年人穿長袍外，一般時興短服，主要由三件組成：(1) 襯衣；(2) 緊身上衣－道伯利特（Doublet，音譯：道伯利特——也就是前期的布爾布因，在款式上略有不同）和 (3) 外衣——傑金（Jerkin，音譯：傑金）。

襯衣逐漸演變成現代的西服襯衫，道伯利特逐漸演變成當今的西服背心，傑金則演變成西服外套。襯衣的衣袖肥大，在袖子手腕部打褶，多爲白亞麻布，也有別的顏色和絲綢所製，如圖 5-4 左邊男子服飾。

貼著襯衣穿的是道伯利特，它可以不加外套而單獨穿，常見有袖子，但袖子不是很肥大而且可以自由拆裝，裝袖時繫在袖孔上露出襯衣，形成一種裝飾（圖 5-5 中下排的義大利年輕時髦男子服飾）。從歷史發展來看，這種袖子的裝飾作用與意義是它使上衣的結構分解，袖子從此開始獨立裁剪分別製作。道伯利特通常沒有下擺，一般後身開襟有時在前身開襟。衣身胸部平直，它在衣服開口處露出襯衣或道伯利特本身的內襯布料。

至於在道伯利特外，再穿上傑金時，道伯利特的下部袖子和胸部露出，有時胸部露出的不是道伯利特，而是外衣的假前身「三角胸衣」。傑金外衣常爲無袖並在前身開襟，從前襟露出道伯利特，如圖 5-4。此外，外衣——傑金有各種領口，如 V 形、ㄩ形、U 形和高領，並帶有下擺，下擺上打有褶，或緊或鬆，假使有袖子比較常見的是短袖，蓬得很高。傑金可以穿在道伯利特外面，也可以直接穿在襯衣的外邊，如圖 5-4 右邊男子服飾。

圖 5-3　爲文藝復興初期，義大利之男女服飾樣貌與髮飾造型。

圖 5-4　爲文藝復興初期義大利男子服飾，左邊男子穿著由內而外依次是 (1) 襯衣（白色）；(2) 緊身上衣（紅色）—— 道伯利特；(3) 外衣（暗色）—— 傑金；右邊男子所穿著的傑金可以穿在道伯利特外面，也可以直接穿在襯衣的外邊。

## （二）腿部

從1510年以後，腿部裝束分成兩部分——短褲和筒襪。短褲較短但可以看到，即使穿有下擺的外衣也可以看到。義大利風格的男子短褲肥瘦比較適中，長度不像哥德式和西班牙式那樣短和有明顯的填充物。這種短褲結合長筒襪，是當時的特色（圖 5-5 中義大利時髦男子、圖 5-6）。長筒襪上通常有吊襪帶，平整光滑的長筒襪會添幾道適中的切口和釦眼，以備鎖緊切口時使用。

## （三）頭飾

一般男子留短髮主要取決於個人愛好，在同一時期繪畫中可以發現各種長度的髮式。15 世紀後半期絡腮鬍已不流行，許多人把下巴處剪短或留上唇的小鬍子，

圖 5-5　文藝復興時期義大利之男女服飾與與髮飾造型。

也有些人不留鬍子，把臉刮得很乾淨。頭上帽飾與現代風格不同，室內外都可以戴帽，並非是戶外裝束的一部分。男子除了在國王面前的貴族才摘帽外，不論室內外，或在同等地位者和地位低下者面前也是戴帽，再者只有得到國王的允許，他們才可在御前復冠。此外在女賓客面前也不光頭，在中世紀和 17 世紀都是這種習慣。

西元 1500 年之前，在義大利很風行一種無邊帽，此外還有一種兜帽，是中世紀流傳下來的，通常用白色亞麻布製作。兜帽的正式戴法是戴在另一頂帽子下面（圖 5-7）。1500 年後男子居多戴有帽邊的帽子，其款式有許多式樣：(1) 帽子的四邊經常全部向上翻起（圖 5-8）；(2) 帽頂高些，帽邊窄的小帽，戴時傾向一邊（圖 5-9），在國王、朝臣和市民中流行；(3) 帶有寬大帽緣的大緣帽，帽緣向上翻起，並有各種不同裝飾（圖 5-10）；(4) 用黑色氈呢製作的不帶裝飾的扁平帽，爲平民和較爲樸素的貴族所戴（圖 5-8）。

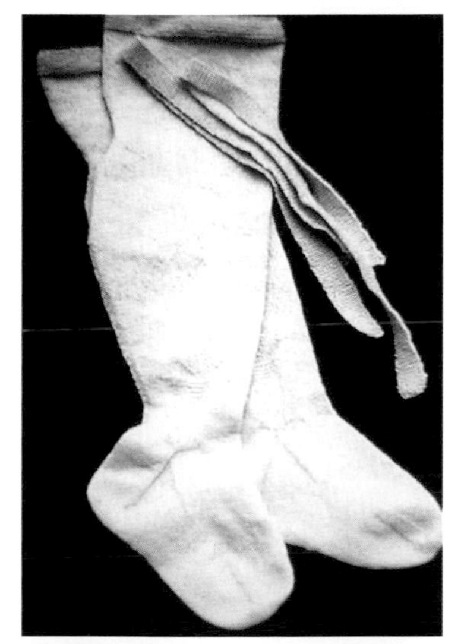

圖 5-6　爲義大利之筒襪形態。

圖 5-7　無邊帽與兜帽。

圖 5-8　帽子款式與與髮型。

### (四)頸部

文藝復興時期，頸部的服飾變化很大，也是最具特點的部位。開始是由中世紀後期的高領過渡成低領，接著更露出胸襯衣。襯衣經常高出外衣領，沿喉嚨底部圍一圈，其頂部形成一個小小的衣褶。襯衣前身有開口可以讓頭部露出，並用細繩把領口收到頸部（參照圖 5-10）。1550 年後外衣頸部又升高了，這時襯衣已經用硬領裝飾代替了鬆緊套頭領，其中有一種是翻領（圖 5-11 圖左爲輪狀皺領；圖右爲翻領），另一種就是文藝復興時期特有的輪狀皺領。這兩種領飾同時存在，而翻領流行得更長一些，因爲輪狀皺領既費工價格又昂貴，戴起來也不方便舒適。

義大利男子既不喜歡 15 世紀中期長長的尖頭鞋，也不喜歡 15 世紀末德國人流行的寬頭鞋，他們最樂於穿的鞋子就是長寬適中的樣式，是上述兩種樣式的折衷（圖 5-8）。

## 二、女子服飾

### (一)衣服

文藝復興初期，婦女長袍縮小了拖曳部分，用一個貴重夾子將拖曳部分夾牢。與肩部齊高的袖口取消之後，露出用緞帶連在一起的上衣袖口、短袖和袖臂（圖 5-12）。樣式美麗的長袍有寬大下垂的袖，女上衣裝飾二、三排珍珠大項鏈。

圖 5-9　帽頂高些，帽邊窄的小帽，戴時傾向一邊。

圖 5-10　有寬大帽緣的大緣帽。

圖 5-11　圖左爲輪狀皺領；圖右爲翻領。

女性服裝還包括內衣袍、前面是新月形，從腰部起開始肥大，衣領飾以花邊或薄紗細布讓胸顯露出來，此時衣或袍的領口多爲 V 形、U 形或方形，領子較大且深，充分地體現了人性的解放，上衣和上袍用華麗的布料縫製而成（圖 5-12）。

此時期女服上衣的袖子很有特色，我們在吉歐瓦娜．多娜布尼的畫像中看到，她在鑲有寶石的大花圖案的長服之外，套上一件無袖長衣。長服的開叉衣袖樣式設計確實表現了眞正的創新，這種女子服裝在當時的義大利受到婦女的歡迎並廣爲仿效。衣肘部上方的幾道豎直開叉，以及衣肘部下方的一條較深的水平開口，使貼身的柔軟白色襯衣露在外面。衣袖的另一共同特點是衣袖本身與無袖長衣各自獨立存在，僅由繫帶或釦結將這兩部分聯結起來，因此，裡面的裙衣或襯衣才能在腋下顯露出來（圖 4-19、圖 5-2 右下角抱銀貂的女人、圖 5-13）。

圖 5-12　文藝復興時期義大利的女子服飾，露出用緞帶連在一起的上衣袖子，及用華麗的布料縫製而成。

圖 5-13　圖中的女子爲吉歐瓦娜．多娜布尼。

圖 5-14　文藝復興時期義大利（左）女子與德國（右）女子之服飾型式與髮飾造型。

裙子在義大利文藝復興的早期還保留著袍的痕跡，至中後期上衣和下裙有了明顯的分界，雖說女子的裙裝上下仍連在一起，但在裁剪上已經上下分離，再加上袖子的分裁使整件衣服分成若干個部分，此點非常重要，因日後的女服外形與內在結構的種種變化都是以這種裁剪技術爲基礎（圖 5-14）。

## （二）頭飾

義大利婦女的頭飾受北方哥德式頭飾的影響不大，文藝復興前北方流行非常高的頭飾，幾乎把頭髮全蓋住，而義大利則居多展現頭髮。義大利婦女愛用絲帽和髮網，從髮網下可看見頭髮；頭髮也可以披散著用緞帶束住，緞帶上飾有寶石，然後用髮網蓋住；或者把頭盤起帽子戴在腦後，頭頂上再戴上髮網（圖 5-15）。當時在英國則流行一種小帳蓬頭飾（Gable），戴這種頭飾時頭髮中分，但頭飾基本把頭髮蓋住，這種頭飾是由海琳高帽發展而來的，多用黑天鵝絨製作（圖 5-15）。

圖 5-15　左一與左二爲義大利婦女的頭飾；右一和右二爲英式頭飾。

16 世紀後期婦女頭髮由中分發展成向後梳，並喜愛在前額留一個髮尖。後來逐漸流行高而捲曲的髮型。尤其是到了伊麗莎白時代後期，人們借助於假髮顯現髮型，以至於全部用假髮套，淡黃色和紅色假髮特別流行。

## （三）腳部

在義大利貴族女子中一度流行高跟鞋，據說這種鞋原是土耳其人穿的，16 世紀傳入威尼斯後，又傳到法國、英國、美國和西班牙等。這種鞋跟是木製的，鞋面是皮革或漆皮製成，一般做成無後鞋踵部分的拖鞋狀。因穿在大裙子裡面，故鞋面上裝飾並不多，鞋跟的高度一般爲 20 ～ 25cm，最高可達 30cm，據說當時的貴夫人穿上高高的鞋，如果沒有侍女在旁攙扶是很難行走的（圖 5-16）。

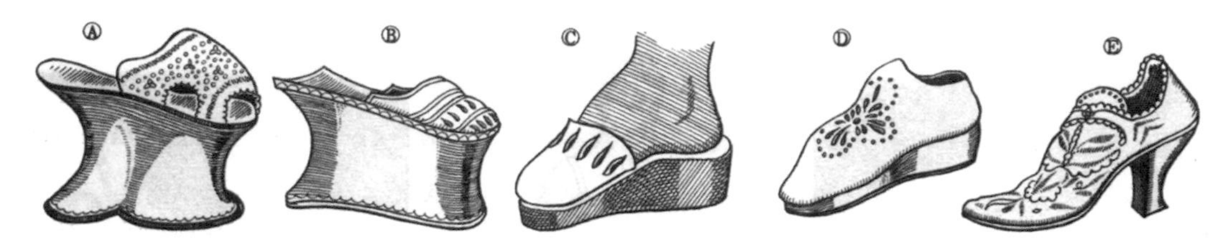


圖 5-16　文藝復興時期的女子高跟鞋。

### 三、紡織品

此時期義大利境內，因有更為華麗的布料相繼問世並大量應用，使得文藝復興時期的服裝設計師、裁縫師與寶石工匠們的高超技術，與精美的工藝有了發揮，讓藝術大師的創作透過對服裝的裝飾和美化得以充分施展，這些讓義大利的服裝成為此時期服裝流行式樣的典型代表。

當時期的盧卡、威尼斯、熱那亞和佛羅倫斯等地都能以相當的批量，生產色澤艷麗的天鵝絨和錦緞布料，這些產品不僅是穿著用的最佳布料，而且具有極大的欣賞價值，這一切構成了文藝復興時期義大利服飾的一大特色。

## 第三節　德意志風格的服飾

16 世紀上半文藝復興已在歐洲各國全面發展開來，在服裝方面，義大利、德國、瑞士、法國、英國、西班牙服裝都有了新的發展和變化，尤以德國的影響最大，因此本節特別介紹德意志（德國）服飾，以及一些其他國家的重點服飾。

### 一、男子服飾

#### (一) 上衣

德意志（德國）在此時的男子上衣仍以緊身上衣道伯利特為主，上衣的總風格是從最外面的斗蓬到內部的襯衣都可以看得到，從襯衣在腕和頸部有褶邊顯露；自衣服正面可以看到道伯利特在胸部的繡花主要是紅和黑色線，甚至是金線；衣服袖長超過外面衣服的開叉處，形成隆起的蓬袖，後期在衣服上加設了西班牙皺領。傑金一般為無袖，從而露出道伯利特；斗蓬變短披在身上，主要是敞開上襟的，從而露出下裝和所有上衣，這樣從花色到布料層層顯露，使得這一時期人們的裝束非常注重衣服彼此間的內外對稱和上下對比的效果。

這種對比最有代表性的是產於德國的 Slash（音譯：斯拉修）裝飾，這種裝飾一經出現就很快影響了整個歐洲，斯拉修（Slash）是裂口、剪口的意思，是指衣服上的裂開裝飾。這種裝飾的起因來自瑞士傭軍軍服，1477 年瑞士傭軍在南錫打敗勃良第公爵查理，這些遠征的瑞士士兵把敵軍的帳蓬、旗幟及遺物中高貴的絲織物撕成條狀用來縫補自己殘破的軍服，就這樣經過綴補的地方和沒有補過的部分在色彩、質料上形成了有趣的對比。凱旋的士兵受到市民的熱烈歡迎，這種對比反而成為喜慶的標誌，表達了士兵和民眾的心情，成為一種有代表性的符號，這種服飾效果讓德國士兵很感興趣，他們有意把衣服剪開裂口，讓異色的內裡或白色的內衣顯露出來，以模仿瑞士士兵的服裝效果，隨即這種裝飾風格在全歐洲流行開來，很快就構成了文藝復興時期服裝特徵的另一風潮（圖 5-17），這種服飾風靡了二百多年，並成為含機能與裝飾性為一體的傳統，影響著日後的服飾，至今我們仍在一些服裝中看得到。

另外，男子在「三件式套裝」的外面常穿一件戰士長外套，作為外出時的主要外衣。其長度約到膝部，也有長至踝部的，這種外衣大多較寬鬆肥大，有毛皮內裡，或用毛皮邊作裝飾，並以有領、無領之區分和有袖、無袖之差別（圖 5-18）。到 16 世紀末，德國出現了帶「豆莢肚」的道伯利特，這是一種把緊身上衣腹部以填充物墊鼓的上衣，成為德國男裝文藝復興後期的特色（圖 5-18）。

圖 5-17　德國的 Slash（斯拉修）裝飾服裝。

圖 5-18　在三件式套裝外面常穿件戰士長外套。

在文藝復興時期，男子的斗蓬由於強調男子上重下輕的兩段式而變得十分短，僅至臀部，甚至短到腰線處。這種短斗蓬是從長而大的斗蓬逐漸演變而來，所以習慣仍稱其爲斗蓬，而實際上它已接近披肩了（圖 5-19）。

英國男子的上衣更加強調橫寬，達到文藝復興時期的極點，這可從英國國王亨利八世的穿著服裝得到驗證（圖 5-20），這種款式的服飾引導了當時的潮流，但到後期又逐漸恢復了正常，而式樣也變成更加符合身體自然外形的要求，值得一提的是當時人們大量花費在服裝和珠寶裝飾上，豪華貴重的服裝，使人認識到英國的重要性。男子穿的緊身上衣長達膝部，袖子有長切口，下身的裙上布滿褶子，在肩部有很寬的墊肩，長切口是垂直並做得很規矩，有錢人在切口的端部還用珠寶做裝飾，如圖 5-20。

16 世紀的前五十年，人們穿用的衣裙與 15 世紀流行的長外衣密切相關，通常人們將衣裙緊緊繫於腰部，像一件長外衣；也有人將衣裙連接到無袖的敞口斗蓬上，以此代替夾克上衣。亨利八世肖像（圖 5-20）也展現了這種長衣裙，衣裙上端與小披肩連接在一起，如果沒有小披肩，衣裙往往連接在帶有橢圓領口上衣的腰部。

圖 5-19　男子的斗蓬。

圖 5-20　英王亨利八世與典型的英式男女服飾、頭部造型。

## (二)腿部裝束

德國男子的腿部服裝有別於義大利，男子穿的短褲是眞正的馬褲有很多開叉，通常用布條拼成，開口處作鑲邊處理，而且裡面襯內裡並加襯墊使之隆起，長度達大腿中部，同時穿著一種緊身 Cannions（音譯：卡隆）其長度到膝部，並在其外面穿長筒襪（圖 5-21）。若短褲和卡隆同時穿，則長筒襪就繫在膝部；否則就將長筒襪向上提到膝蓋之上，馬褲中間用一塊楔形布遮擋住男性襠部（俗稱「陰囊袋－ Decorated Codpiece」），男性的第一性特徵用這塊兜布赤裸裸地表現出來；而且還大肆加以渲染和誇張，把它做成一個小口袋掛在兩腿中間，裡面塞進填充物，使其膨脹起來且越來越大，極端的有大到像小孩頭似的。這種裝飾在當時的西班牙、法國和英國服飾中均可看到（圖 5-18、5-19、5-20）。男子穿的長筒襪長到膝蓋以上，甚至高到與短褲連在一起，長筒襪最初是絲織的，但是比現在女子的絲襪要厚得多。

圖 5-21　德國軍隊樂師穿著緊身卡隆。

## (三)配飾

德國男子此時多戴大緣帽，並常在帽緣上開口，帽上有時還飾以羽毛（圖 5-22）。男子的鞋不像義大利的鞋，一反哥德式風格的尖形而成扁頭狀，有時上面飾以裂口，另外在男子的配飾中常有刀劍，這是德國文藝復興時期的風格，並影響到英、法兩國（圖 5-20 英國國王亨利八世的鞋款）。

圖 5-22　德式服飾與與髮飾造型。

男子留短髮，臉刮得很乾淨或下巴處留一抹短髯鬚。在英國，男子戴鵝毛絨的黑色方形便帽，硬是將鵝毛絨集攏在一個窄帽緣中，若僅有一邊朝上翻，則朝上翻的這邊鑲有寶石，若全部帽緣都朝上翻，則在帽緣周圍規則地鑲有寶石，有一根長而捲曲的鴕鳥羽毛插在帽子前面或稍偏旁邊處，而帽頂是平的（圖 5-21）。

## 二、女子服飾

### (一) 德意志女裝

德式女裝在上衣領口多為方形，露出裡面的內衣，貴族婦人脖子上飾有多層項鏈，具有與眾不同的裝飾效果（圖 5-22）。在 15 世紀末和 16 世紀初形成自己的風格，其主要特點是提高了腰身，在上衣和下裙的連接處形成一道橫線沒有腰帶束腰，上身多裂口裝飾，尤其是在袖子上布滿了開口（圖 5-23）；外衣的領子多為開式高立領，而內衣的領子常為收緊的封閉式小立領。婦女們熱衷於多層泡泡袖，裙子的樣式更是新穎，整個裙子由從上到下的豎褶組成，這些豎褶好像由不同的彩帶連在一起，寬邊的帽子上裝飾著羽毛。

圖 5-23 德式服飾。

德國女子雖不大崇尚化妝，卻全身戴滿裝飾珠寶，尤其是項鏈和戒指，她們還非常喜愛佩帶裝飾袋，從整體看，德意志女裝的特點是把服裝的重心放在下體，大裙子窄肩、細腰、豐臀，腹部尤其寬大，與細腰形成對比，如圖 5-14 與圖 5-23。有的裙子用色彩各異的厚布料做成，鑲有寬寬的刺繡花邊或絲絨邊（圖 5-22），為了使裙子蓬大，常在裡面穿好幾層亞麻內裙（圖 5-23）。

### (二) 英國女裝

英國女裝早期受義大利的影響較深，之後受西班牙的影響，爾後逐步形成自己的風格。英國女子穿緊身胸衣使胸部高聳而腹部收緊，使上身在外觀上形成明顯的 V 字形，緊身胸衣從背後繫帶，束緊胸部和腹部；襯衣是繡花的，用做緊身胸衣時，其形狀是短而方的。

裙子或短外衣是婦女最主要的衣服，用有水果、樹葉的對稱圖案，並用錦緞或鵝毛絨做成，且在鯨骨圈上張緊。它的圖案與衣裙的開口蓬袖相呼應，衣裙外形是鐘形的，從腰部到裙邊有一個A字形的開口，露出裡面的襯裙，上身的V形和下裙開口的A形在腹部匯合，形成明顯的X形，如果不穿有領子的內襯衣，則低方領能露出皮膚（圖5-24）。

圖 5-24 衣袖具有典型的英國風格。

在16世紀的英國，只有未婚女子才能穿袒肩露頸的服裝，女子的衣袖具有典型的英國風格，外袖從肩上垂下，上臂平展合身。肘部以下的袖子則又寬又長，袖子下部向上捲著，捲起的袖邊高高地固定於上臂，這樣外袖襯裡上的精美花紋和內襯服裝上別緻的巧思便可以呈現出來（圖5-20、圖5-24）。

當時英國的女帽也別具特色，最典型的是Gable或Kennel（山型或狗屋型）頭巾帽。這是一種緊套在頭上的白布帽或緊身便帽，在其上再戴一塊絲綢天鵝絨或繡花布，其外觀僵硬得像屋頂或帳蓬，形成一個尖頂，而在兩側形成稜角；兩側沒有帶子，以便從後面繫住懸起的端部（圖5-25）。

圖 5-25　典型的山型女帽。

# 第四節　西班牙風格的服飾

15世紀末西歐各國不滿威尼斯對東方貿易的壟斷，希望開闢一條通往印度的新航線。哥倫布得到西班牙國王的資助，於1492年8月3日開始了艱苦的航行，經過70天的艱苦航行終於到了美洲的巴哈馬群島，發現了新大陸，使歐洲的商路、貿易中心從地中海區域移到大西洋沿岸，給西班牙王國帶來了巨額財富，同時也帶來了經濟文化的強盛，從此西班牙在歐洲占有了重要的一席之地，並在文藝復興後期成爲歐洲文化的一大中心。它的服裝風格也影響了整個歐洲，並成爲西洋服飾文藝復興時期最典型的特徵。所以16世紀下半，西班牙服裝對歐洲的影響極大，成爲歐洲服飾流行的中心。

16世紀下半和17世紀初，歐洲大陸的服飾可稱爲是西班牙風格的天下，這不僅是由於國勢強大的西班牙從文化上影響了歐洲，同時也是由於西班牙海上無敵的軍艦力量在歐洲強行推廣西班牙式服飾，使這一時期的歐洲服飾相對具有統一化風格。男裝的明顯特徵是輪狀皺領和襯墊填充物，女裝則突出的表現在緊身胸衣和裙撐的使用，這種上穿緊身胸衣、下穿裙撐的組合方式，影響了歐洲日後近四百年的女裝樣式。

## 一、輪狀皺領

輪狀皺領Ruff（音譯：拉夫），從16世紀一直流行到17世紀，是文藝復興時期又一個獨具特色的服飾飾件，輪狀皺領早在德國風格時期就已見端倪，不過那時這些褶飾還連接在襯衣高領的領緣上，到西班牙時代則完全脫離襯衣，成爲一種獨立製作、可以脫卸的飾件（圖5-26）。

輪狀皺領是文藝復興時期的代表性衣領，有各種各樣的形式，一種很窄安在領子的頂端，前面開口或是用纓繩圈起，繩子往往看不見並且領片很寬和襯衣不相連。在文藝復興前期流行窄領，後期風行寬領。從1580年至1625年有的輪狀皺領可達7、8吋之寬，下面有底座使用金屬線、木板或是紙板做成相當結實，上面用綢緞蓋住，戴起來前低後高更可展現輪狀皺領，並有效地烘托出人物的臉部（圖5-26後排右後邊男子，穿戴已漿硬的輪狀皺領）。輪狀皺領是使用寬花邊的上等亞麻布創作，或是用只繡邊的白色、花色、金色，喪服則用黑色亞麻布製作

圖5-26　西班牙時代的輪狀皺領是可以脫卸的。

由於要把布料弄成波浪狀凹槽形，需要漿得很硬所以領子很挺。凹槽面的尺寸大小不等，但每一個皺領上的開口大小相等，到後期人們開始戴沒有漿過的輪狀皺領，文藝復興末期，雖然輪狀皺領還有殘留影響力，但已呈下翻，前面呈一字型或八字型，這實際上是「巴洛克」風格的興起（圖 5-26 右邊男子的八字型領片）。

輪狀皺領產生後，很快傳遍歐洲各國，法國、英國的貴族們競相模仿。特別是正式場合時，輪狀皺領是貴族男女脖子上不可缺少的裝飾物，在英國主要流行於伊麗莎白一世（1533 年至 1603 年）時期和詹姆斯一世（1603 年至 1625 年）時期。

在伊麗莎白一世時期還流行一種「伊麗莎白領」，該領前邊打開，後頸處高聳成扇形用亞麻布等製作，扇面上裝飾金屬絲，據說伊麗莎白女王後頸有疤痕，高傲的女王為掩飾這一缺陷而創造了這種領飾（圖 5-27）。

圖 5-27 英國的伊麗莎白領。

## 二、填充物給服裝帶來的變化

西班牙男子服裝除輪狀皺領外的另一明顯特徵，就是全身上下大量使用填充物。繼英國男裝出現「豆莢肚」以後，西班牙人更是以填充物塞滿全身為嗜好，最明顯的部位是短褲叫「瓜形褲」。這種短褲盡可能地短，並使用直裁的布條拼成且予以鑲邊，然後在褲子裡面襯裡，或是先把褲子加襯墊後再用布條裝飾以形成瓜形褲的樣式（圖 5-28）。這種西班牙短褲影響了全歐洲，各國造型相似但不盡相同，西班牙、法國呈現比較橫寬的形狀且圓蓬鼓起；英國的也很蓬大，而德國的造型雖然也很寬鬆，但沒有填充物，義大利的較長長度及膝下，各國除寬鬆的、蓬鼓的造型以外，還有長及膝的緊身半截褲。

圖 5-28　各國不同造型的短褲，西班牙最明顯的是瓜形褲。

另外在褲子外的其他方面，像是上衣在許多部位也使用填充物（圖 5-29）。道伯利特的肩部用填充物墊起（這種手法在現在的西裝上衣中還在應用），胸部和腹部也塞進填充物使之鼓起，形成像鵝一樣的大肚子。袖子也塞進填充物，出現三種基本造型（圖 5-30），一種是泡泡袖，在袖山位置上用填充物使之鼓起來，上臂和前臂都很貼合。另一種是羊腿袖袖根寬大，用填充物使之鼓起，從袖根到袖口逐漸變細，形狀酷似羊後腿而得名。此外還有一種是分階段鼓起的袖子，前兩者袖型的出現在日後形成了傳統，經常出現在後幾百年的西洋服飾中，另外這一時期的袖子也時常伴有裂口裝飾。

圖 5-29　上衣在袖子、腹部，以及肩膀和腰下等位置用填充物墊起，左起男子依序是西班牙、德國、英法兩國，以及西班牙女子服飾樣貌。

圖 5-30　文藝復興末期服裝的袖子也塞進填充物，出現三種基本造型，一種是泡泡袖，另一種是羊腿袖，還有一種是分階段鼓起的袖子。

## 三、裙撐的出現和適用

曾讓16世紀歐洲的各個國家爲之著迷的「西班牙於15世紀的卡塔羅納服」，特點是其裙衣部分一連有六只圓形撐飾，最令人喜愛與注目的，是這些圓箍由上而下逐漸加大，緊縮的加附在錦緞長衣的裙子部分。到了16世紀，這些圓形撐架由表面移至長外衣的內裡，這種整體圓錐形的圓箍長外衣就是早期的裙撐，爾後撐架又再移到內裙的裡面（圖5-31）。這種裙撐的出現改變了女子裙裝的外形，使裙子的裙口張開並成鐘狀。裙撐一經出現，很快就影響到英、法、德、義等國，迅速流行起來，在日後的西洋服裝裏陸續的流行了近四百年。

比西班牙式裙撐盛行於1550年，晚些時期法國人又創造了一種裙墊（約1570年）, 它的作用同裙撐相同，但主要是墊在腰上，以突出和加寬裙子的上部作爲表現（圖5-31）。這種裙墊是用馬尾織物做成的圈狀裙墊裡面塞進填充物，並用金屬絲固定，由於此種裙墊比西班牙式的裙撐使用起來更加方便，並加大了裙子的上部，所以深受法國女子的喜愛，因此與西班牙式裙撐在文藝復興後期同時流行。

與西班牙和法國女子裙撐不同的是英國女子，在前兩種裙撐和裙墊的基礎上，將裙撐和裙墊相結合，在腰部的裙墊上直接以鯨骨鬚或金屬絲水平橫向撐出，其上罩以襯裙，這種裙撐使裙子的上部更加寬大，其突出部分的輪廓更加分明，如圖5-31。

由於裙撐的大量使用和多層裙裝的穿著時尚，使文藝復興中後期女子的上衣與裙子分開來裁剪與製作，如此奠定了女子衣裝的兩段式樣貌（圖5-32）。

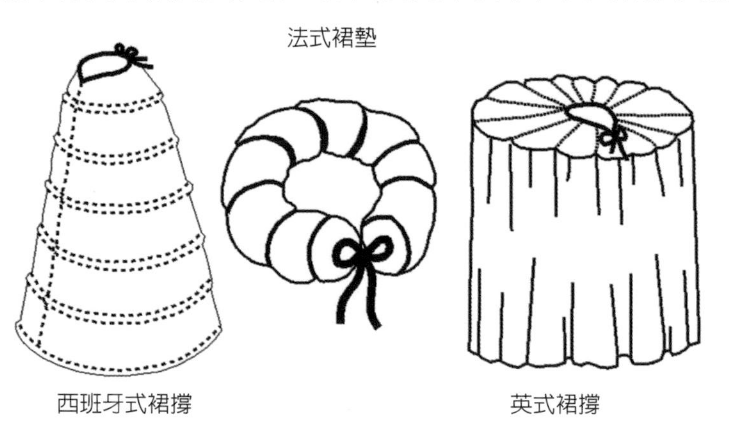


圖5-31　西班牙式裙撐（1550年）；法式裙墊（1570年）；英式裙撐（1580年）。

圖5-32　女子衣裝的兩段式樣貌。

## 四、女子緊身胸衣

文藝復興時期，女子開始穿緊身胸衣，並逐步成爲社會風尚，而首開穿著之風的是在英國，在文藝復興的初期，英國女子就十分喜愛一種緊身的上衣，但這種上衣僅只是貼身，並展現出女子體型的自然體態而已。

隨著古典藝術風格的興起，尤其是上流社會的女子，更加熱衷於時下經典規範的標準型式美。也就是說，除了社會要求女子要收腰凸胸之外，女子們更希望自己的上身成爲一種典型而標準的外形，這就是緊身胸衣出現的文化背景。英國早期的女子緊身合體上衣（圖 5-33）已不能滿足這種需要，取而代之的是運用較硬挺的布料和小於自然腰圍且胸部較高與突出的緊身胸衣，經穿著後可以把女子的上身束裹成標準體型。爲了把腰勒細些，讓胸部其他部位的體態達到規範，緊身胸衣的布料多以雙層麻布中間加內襯製成，既堅實又挺拔，前面或後面的並合處沒有許多孔，因此穿著時靠繫

圖 5-33　文藝復興後期男女和兒童的服飾裝扮。

帶將胸身收緊，最後讓身體達到既標準又完美的形狀。由於追求規範的體態，人們又將鯨骨鬚或藤條嵌入胸衣內，以致更有效的束身（圖 5-34）。同樣爲了達到這一目的，英國早期有用皮革做成的緊身胸衣，甚至在歐洲出現了鐵製的緊身胸衣。

據記載，法國國王亨利二世的王妃卡特琳娜，德．梅迪契（義大利佛羅倫斯梅迪契家的公主）的嫁妝中就有鐵製的緊身胸衣，也就是這位皇后第一個把原來作手術用的鐵製胸衣拿來穿在衣服裡面。這種鐵甲似的緊身胸衣由前後左右四片構成，前中央和兩側以合頁連接，穿時在後背中心用螺栓緊固，也有用前後兩片構成的，一側裝有合頁，另一側用鈎釦固定。卡特琳娜認爲最理想的腰圍尺寸約是 33cm（約 13 英吋），據說她的腰圍是 40cm，而她的表妹瑪麗．斯圖亞特的腰圍只有 37cm。

圖 5-34　嵌入鯨骨鬚的胸衣。

穿著這些緊身胸衣，使女子的腰部強制性收細至使下胸部和腹部平整，而胸部突出讓女子呈現出性感特徵，達到從人體的各個側面都形成美妙的曲線，更加強了女子人體的玲瓏曲線，因爲緊身胸衣的功效，使其從一出現起就很快傳遍歐洲，並有相當的普及程度，更值得一提的是，它在歐洲此後幾百年的服飾歷史中曾多次出現，幾乎延續了近五百年。

## 五、女子整體裝束

西班牙女子的服裝在文藝復興後期，已不僅是西班牙的風格，也影響到了整個歐洲，並在文藝復興時期形成了最爲典型、最有代表性的樣式，西班牙已成爲當時歐洲服裝流行的中心。

女子普遍上身穿著胸衣，所以形成明顯的 V 字形，以至後期上衣的三角 V 字與裙腰鑲嵌，更加呈現出銳角的特點。而下角的裙撐卻越來越大，成爲明顯的 A 形或ㄇ形（圖 5-33 中右上角之女子裝束）。上衣和下裙結合起來形成明顯的 X 形，這種影響直至今日，從而使長衣袍、斗蓬的一體式樣退居次階。

女子緊身胸衣和裙撐、填充物與支架的使用，雖然在造型上可以產生更加豐富多彩的式樣，使服裝輪廓線更加誇張和隨心所欲，但這樣僵硬的支架讓人體趨於從屬地位，所以文藝復興後期的服飾與其說是服飾裝了人體造型，倒不如說是人在裝飾服裝（圖 5-35）。

女裝的領子和男裝一樣以高領爲主，並飾以輪狀皺領，袖子大多呈現爲上大下小的形態，整套衣服的穿著順序爲從裡至外、從上至下，首先穿著貼身的亞麻製襯衣，但習慣上不穿襯褲。在襯衣外面勒上緊身胸衣，裙撐與緊身胸衣用繫帶和鈎釦相連，再罩上一條精美的襯裙，最後在襯裙外再穿上外裙完成著裝。

圖 5-35 胸衣和裙撐等的僵硬支架讓人體趨於從屬地位。

西班牙風格時代黑色十分流行，在黑色上用金銀線刺繡華美的紋樣或裝飾珍珠、寶石更加強調出高貴、神聖不可侵犯的西班牙權貴特色。受其影響的法、英貴族服裝，用料也極爲奢華，特別是天鵝絨倍受寵愛，織金錦、緞子等華麗絲織物、精美的刺繡、寶石和珍珠的使用毫不吝惜，織物紋樣也非常講究與複雜，拜占庭、波斯、中國風格等的紋樣都在西歐貴族服飾中出現。另外，西班牙裁縫的技術在當時歐洲占絕對領先的地位，就像義大利織物名揚四海一樣，西班牙的縫製技術聞名遐邇，如圖 5-36 的裝飾與刺繡。

圖 5-36 精美的裝飾與刺繡讓人對西班牙的縫製技術讚佩不已。

總括這歷史時期，男裝和女裝從帽式、領式、袖型、褲子、裙式上較以往都有了明顯的變化，其最大特徵是男裝上重下輕，而女裝則上輕下重，襯墊、胸衣和裙撐的大量使用又使人的自然體型得到了很大的改變，形成了文藝復興時期的獨特風格（參照圖 5-34）。

## 一、問答題

1. 文藝復興時期的文化、思想與藝術特徵，請以表格方式加以敍述。
2. 文藝復興時期男裝的特點及輪廓線，請繪圖後，加以文字說明。
3. 文藝復興時期女裝的特點及輪廓線，請繪圖後，加以文字說明。
4. 襯墊和裙撐在服裝史上的意義。

## 二、本章要點

文化思想的演變對服飾的影響。

# 第六章

# 巴洛克風格時期的服飾

# 第一節　巴洛克時期的藝術風格與歷史背景

在文化史上，一般把歐洲的十七世紀稱爲「巴洛克」（Baroque）時代。這一名詞源於葡萄牙語，其意是「變形的珍珠」，16 世紀末巴洛克風格被移植到義大利的新興建築風格上，17 世紀中又推移到法國並達到頂點，然後再把它推廣到整個歐洲的藝術風格上去。如此一來，讓巴洛克藝術在文藝復興之後，有一定程度的發揚現實主義的傳統，從而克服 16 世紀後期流行樣式的消極傾向。另一方面，巴洛克藝術符合當時天主教會利用宣傳工具爭取信徒的需要，也適應各國宮廷貴族的愛好，因此在 17 世紀風靡全歐，影響了其他藝術流派，使歐洲的 17 世紀有巴洛克時代之稱。

相對文藝復興以人爲中心的世界觀，巴洛克的世界觀基本上是以宇宙爲中心，認爲人不過是大自然變幻中的弱小存在物，其美術特性是「繪畫性」占統治地位。在建築上爲空間和量體的交錯融合與流動空間的布局，富於曲線的豪華裝飾；在雕塑藝術方面，雕像是向周圍空間敞開的，也因此加深了與其他物體相互依存的關係。從 1648 年開始，法國創辦了繪畫、雕刻和建築學院之後，它又和學院派結合起來，進而成爲宮廷建築的主要風格，同時它在城市建築、廣場、花園等方面都有新的成就與發展，其主要特點是將建築、雕塑、園林有機地結合在一起；而把街道、廣場、教堂和宮廷良好的融成一片，此時期的著名建築爲羅馬顯赫世家們的郊外別墅——花園。這種建築以小丘、奇石、樹和水爲其基本因素，構成了眞正的童話世界和光怪陸離的魔幻樂園。其代表作是聖彼得大教堂、菲律賓查聖堂、聖卡爾洛小神殿和著名的凡爾賽宮（圖 6-1）。

巴洛克時期的雕塑與以往相比更具現實主義特點，人物的表情生動具體，更多反映現實生活中活生生的人們，並充滿裝飾性，具有外在的輝煌與華麗（圖 6-2）。從人物動作到服裝飾品以及草木道具等都明顯帶有裝飾性，而在形式上更具明顯的節奏感。總括來

圖 6-1　巴洛克式建築的法國凡爾賽宮（鏡廳）。

圖 6-2　巴洛克服飾反應出，現實生活中活生生的人們，並充滿裝飾性，具有外在的輝煌與華麗感。

圖 6-3　巴洛克服飾以追求曲線優美的裝飾性風格爲主。

說，巴洛克藝術的風格致力於破除古典式的和諧，追求起伏動態和富麗堂皇的效應。在藝術上輕視傳統的莊嚴、含蓄與平衡，傾向豪華、氣勢磅礴與絢麗多彩，這一時期的服飾同樣具有這一特點，具體表現爲配色艷麗，造型強調曲線優美，裝飾彎曲迴旋，使人感到活潑華美但有矯揉造作之感。服飾上最具特色的是華麗的鈕釦裝飾、絲帶纏繞和蝴蝶結，以及花紋圍繞的邊飾（圖 6-3）。

從 1618 ～ 1648 年，歐洲進行了三十年戰爭。西歐、中歐和北歐的主要國家先後捲入這次戰爭，其主要戰場在德國，戰爭具有德國內戰和國際混戰的雙重特點。

17世紀初，隨著西班牙權勢的喪失，因而在時裝潮流中的統治地位也日趨降低。戰爭使西班牙的力量也受到了削弱，然而西班牙與法國的爭戰卻持續了十年之久，直到1659年，雙方締結和約，至使兩國間的爭奪才宣告結束。此一和約讓法國在歐洲占了上風，反觀西班牙，此後便未能恢復昔日的威風。

德國是三十年戰爭的主要戰場，戰爭結束時，德國變成一片廢墟。英國當時經歷了一場革命、一場內戰、一場瘟疫和一場大火，災難接踵而至，這一切使當時的英國無瑕顧及時裝式樣。當時的丹麥、瑞典也捲入這場戰爭，他們的加入都有擴張疆土的意圖，但最終都使國力有所消耗。

而17世紀的荷蘭卻得到了快速發展，1602年成立的荷屬東印度公司和1612年成立的荷屬西印度公司，使荷蘭的經濟達到頂點，商業貿易遍及世界。

法國在「三十年戰爭」期間比其他歐洲國家獲得更多的休息，從而達到更大的繁榮，17世紀後半在服裝式樣上取得了領先地位，從那以後法國一直是歐洲服裝式樣的先導。17世紀後半，巴黎每個月都送往倫敦以及其他歐洲國家的首都，兩個模特兒娃娃。一個穿著端莊盛重的正式禮服，一個穿著輕便服飾（例如：旅行服、婦女的居家服或其他非正式服裝）。再加上1672年創刊於法國的「麥爾克尤拉·戛朗」雜誌，把法國宮廷的時裝訊息公告大眾並向全歐傳播，使法國成爲世界服裝的中心。正因如此，使得巴黎成爲歐洲乃至世界的服裝流行發源地。因此，巴洛克時期的服裝大體上可分爲兩個歷史階段，即荷蘭風格時代和法國風格時代。

# 第二節　荷蘭風格時代

## 一、男子服飾

荷蘭風格時期的上衣肩部已不見文藝復興時期的寬橫和襯墊，取而代之的是削肩。新的思想反對過分豪華而提倡節儉的美德，巨大的輪狀皺領已被遺棄，襯領仍在使用，不過不再用澱粉漿硬，而是使軟領翻披在肩部，主要是「八」字和「一」字形領型，領子較薄多飾以荷蘭式針織花邊（圖 6-3）。這種大翻領稱作 Rabat（音譯：拉巴），其造型是通過在領口收斂摺量來完成的。領緣和領面上罩有蕾絲，領子做好後固定在領口上，或用兩條細帶繫在脖子上，讓大領子披在肩上。這種拉巴當時也稱爲「路易十三領」。

男子的道伯利特腰線上移並有更多收腰的表現，腰帶以飾帶的形式出現，並在胸和後背有 4 ～ 6 個斯拉修裂縫裝飾，袖子一般爲緊身式樣，袖口飾有花邊或直接露出襯衣的裝飾袖口。

1628 年以後道伯利特有放鬆加長的趨勢。下襬變長，蓋住臀部，除與上衣分開裁剪外，邊也不縫合，穿時用帶或釦來繫拉腰部與道伯利特相連，如圖 6-4所示。

圖 6-4　拉巴領（Rabat）。

圖 6-5　荷蘭風格時期的短褲。

上衣的所有襯墊都被取消，文藝復興時期那種僵硬的，以及特意修飾的外形消失了，改採許多的花邊作爲裝飾。

在道伯利特的外面，男子仍時常穿著傑金。此時的傑金腰線上有所上移，下襬加大。另外，與前期的傑金不同的是排釦有所增多，形成既具有功能又明顯具有裝飾效果的表現手法（圖 6-3）。

男子下身所穿著的褲子在荷蘭風格時期明顯增長至膝部或膝蓋以下，收口處緊箍腿部，用吊襪帶或絲帶收口，有時垂以緞帶，有時繫紮蝴蝶結。以往臀部與大腿部分蓬起的填充物消失了，雖還比較寬鬆，但相對於文藝復興後期的西班牙褲型已明顯變瘦，整體褲型成契子形，接近今日的蘿蔔褲（圖 6-5）。到 1640 年以後，這種褲子的褲腿更是加長，甚至長達到小腿肚，再加上飾帶或花邊幾乎可達踝部，這是西方第一次出現長褲，也是日後禮服中的西褲雛形。

總體來看，荷蘭風格時期，男裝擺脫了文藝復興時期過於膨脹臃腫的襯墊和填充物，而帶有較爲明顯的荷蘭民族特色。如果說西班牙風格服裝是虛僞僵硬的人工樣式的話，那麼荷蘭風格時期的男裝則是實用的平民服，從而顯得更具功能性、更幹練。在裝飾和美化方面，其特點是以絲帶和花邊裝飾代替了文藝復興時期的珠光寶氣（圖 6-6）。

圖 6-6　荷蘭風格的男裝。

## 二、女子服飾

同男裝一樣，荷蘭風格時期女裝也擺脫了過於人爲誇張的特點，首先是丟棄了寬大的裙撐，腰線上移，收腰不十分明顯，這一切使女子外形變得平緩、柔和與圓渾。裙子雖去掉了裙撐，體現出布料自然下垂的感覺，但仍顯圓渾和厚重。主要原因是當時的裙子經常以套裙的形式穿著，一般都爲三層裙裝同時一起穿著，或者至少兩層同時穿著並有開口，顯示出層層豐富的布料質感和不同的花色（圖6-7）。

17 世紀 30 年代，外表堅硬得像鐵鑄般的女子緊身胸衣變軟了，同時也變短變小，這給高腰裙和低開領外衣提供適切的型式。上衣往往是大翻領或大袒胸兩種極爲相反的領型，但兩種領型的邊緣都飾有花邊，上衣袖子最具表現力，也是此時重點表現的部位，大多爲上大下小，或寬袖或半袖。袖的上半截常有裂口裝飾，而下半截多爲節式的層層裝飾帶有層層花邊裝飾，袖口處露出裡面的白色襯衣（圖6-7）。許多婦女在外面加一件上衣（圖 6-8），絨衣上鑲毛皮的上衣是荷蘭最爲流行的款式，這在許多荷蘭畫中可以看到，這種上衣舒適、寬鬆、長短不等，袖子有 3 ／ 4 臂長或遮蓋住肘部，這種衣服由於有暖和的襯裡和寬毛皮鑲邊，在通風的房屋裡穿十分舒適，因此爲各階層婦女所喜愛。黑絲絨鑲白兔皮是當時這種衣服的最常用的材料。

圖 6-7　荷蘭風格女子服裝（一般常見大翻領或大袒胸兩種領型）。

# 第三節　法國風格時代

## 一、服飾總特點

(1) 那些違反自然的襯墊、男服中的豆莢肚，瓜形褲消失了。女服除了西班牙宮廷仍將裙撐延續到18世紀外，其他國家都去掉了裙撐或裙墊。(2)「三十年戰爭」期間軍人風格影響了男子服裝，穿著裝有馬刺的靴子和皮革軍服裝扮的男子到處可見，歪戴帽子和隨意披著斗篷而且佩著劍的男子也隨時可遇。(3) 因爲受荷蘭風格影響，領飾和袖飾由輪狀皺領發展成花邊寬領和花邊袖飾。1650 年後，服裝上使用大量的緞帶裝飾，構成巴洛克風格的明顯特徵。(4) 服裝上有諸多的排釦和蝴蝶結裝飾。(5) 服裝上不論是整體造型還是局部造型，既不像哥德風格時期強調高垂直線，也不像文藝復興時期強調橫向線，而是更多強調曲線。(6) 十七世紀後期

圖 6-8　絨衣上鑲毛皮。

圖 6-9　17 世紀是花邊、緞帶、長髮和皮革的時代。

盛行留長髮或戴假髮，所以 17 世紀是花邊、緞帶、長髮和皮革的時代（圖 6-9）。這正是法國風格服裝的主要特點，也是構成巴洛克藝術時期西洋服飾的風格型態。

## 二、男子服飾

### (一)服飾

在 1625 ～ 1630 年，道伯利特的樣式依舊是比較硬挺的，但襯墊基本上已經消失。上衣腰身較短前部突出，後面在臀部開叉以便騎馬，腰部有一串環形緞帶，帶子上有金屬釦，這些金屬釦把上衣和褲子連在一起。袖子與袖襬相連，一般做得比較合身，但仍留著上大而下小的外形，與羊腿袖相仿。幾乎所有的袖子都有斯拉修，裂口處也裝有鈕釦，從袖的裂口處可以看到裡面麻紗襯衣的內袖，有時也能看到不同顏色的絲襯內裡，袖口一般都有袖飾，往往是白色的，爲了與領飾相呼應，袖飾和領飾居多是使用同樣的式樣和材料（圖 6-10）。

1630 年以後，道伯利特的腰身變得更短，衣質也不那麼硬了，下襬已變成極短的一條橫帶，衣服和下襬連在一起，但兩側開叉。

此時在宮廷中也流行一種短披肩，這是巴洛克風格達到頂峰的時期。披肩很小袖子很短，敞著露出很大面積的襯衣。這一時期襯衣顯得非常重要，以致顯得襯衣是上衣的主體，披肩只是襯衣的裝飾，襯衣的袖子、領子、下襬露出很多。襯衣多處用緞帶繫住，到處用緞帶裝飾，據記載男服需要 128m（140 碼）絲質緞帶，產生許多彎曲的線條使人失去明卻的輪廓線（圖 6-10）。這麼複雜的襯衣不可能擁有多件

圖 6-10　男子的袖飾和領飾、襯衣與坎肩，及長、短髮。

也不容易洗，據說當時用香水來代替洗衣服，香味越強越好，襯衣很長時間才能洗一次。另外在外出時會在服裝上披一件圓斗篷，這種成套的裝束使巴洛克風格達到了頂峰，過多裝飾使男子有過於奢華和嬌媚的感覺。

首先出現的外套是沒有領子的，裙邊隨著體型微向外傾，從頸部到底邊有密密的一排釦子，但穿在身上時並非都釦著，往往只釦上面的部分，而下面的釦子與釦眼僅作爲裝飾用，現在的西服仍保留著這種穿法。袖子上半部分是貼身合體，袖山較高，使袖子與衣身貼緊，完全符合人體與上臂的自然狀態。袖子的袖口上翻，露出較多的襯衣花式袖口（圖 6-11）。有的袖口處有開叉，開叉處有鈕釦可繫上，這種鈕釦後作爲裝飾一直保留到今天。1680 年以後許多外套在背後開叉，從底一直開到腰部是爲了便於騎馬和佩劍，這些開叉都有鈕釦，甚至褶的頂部也鑲上鈕釦，這些鈕釦雖然很快都變成無用的，因可作爲裝飾便長期保留了下來，1690 年以後，下襬裡增加了硬墊使其向外翹起。

這種男裝外套與前期樣式的男裝相比，更明顯的重視服裝的機能性，使男子顯得多了幾分陽剛和幹練，而把那些瑣碎的緞帶服飾轉爲繡飾圖案，布滿外套的衣身和下襬，這種風格實爲巴洛克後期轉向洛可可風格的過渡階段，幾乎所有的外套都有口袋，一般是橫開、內襯式，袋蓋附加鈕釦且袋蓋越來越大，口袋開在下襬較低的位置。

圖 6-11　法國風格時期男子服飾（左邊三位爲英國風格；右邊三位爲法國風格）。

1630 年有襯墊的瓜形褲已經不盛行了，只是在僕人穿的服裝中還能見到。一般穿著長度適當的馬褲，在膝蓋處包住襪子，有的兩側開寬叉並用鈕釦繫起來。如果在下面鬆開一點，就能看見裡面的白襯裡，和白色袖子相呼應。這種褲子十分寬大，以致看起來很像 1660 ～ 1670 年，當短而講究的敞開式披肩最流行的時候，當時又出現了新式掛裙，掛裙上飾以大量彩色緞環，腰帶也掛滿尖頭緞帶或金屬條飾（圖 6-17 之 3 和 10）。一般掛裙內穿白色襯褲，使白色襯褲露出來。襯褲長至膝，下有緞帶或花邊裝飾。白色襯衣與白色襯褲不僅多褶多飾，而且上下呼應，1690 年以後，時髦的人都穿燈籠褲。

## （二）頭飾

若是繼續保持輪狀皺領，人們就只能留短髮；以後皺領逐漸垂下，又逐漸變成軟領，人們就慢慢留起了長髮。從 1630 ～ 1660 年，大多數頭髮披散在肩膀上，有些波浪但不捲成髮捲。巴洛克式假髮產生於大約 1640 年，這時輪狀皺領消失，流行長髮，人們感到頭髮不夠多，就用假髮來補充。雖然 1642 年使用假髮曾遭到反對，但終未見效，1665 年路易十四在巴黎僅於一年之間就任命了 48 個假髮製造者。假髮逐漸取代了眞髮，鬆散的假髮戴在短髮上，成爲上層社會普遍的樣式（圖 6-12）。而在家裡男子經常摘掉假髮戴便帽或睡帽，用人髮做的假髮是極其昂貴

圖 6-12　巴洛克時期男子披戴假髮已是普遍的現象。

的，而且既然要替換就必須準備幾套，所以普通百姓很少戴。由於人髮有限，也用山羊毛、馬鬃製作假髮。到了18世紀，假髮被整理成有秩序的髮捲，從頭頂向兩邊分開，然後垂到肩上（圖6-13）。

圖 6-13　法國風格時期的男子假髮。

帽子一般有寬邊，帽緣在一邊或兩邊微微上捲，時髦的人根據個人的愛好將帽子大加裝扮，貴族花重金在帽緣上鑲上珍珠，更多的人在帽子上插鴕毛，或插滿五顏六色的羽毛，從中間向下垂，而非直立，後期帽飾由羽毛轉為彩色緞帶（圖6-14）。

到了17世紀90年代，時髦的人將帽緣從三面向上翹起，成為「三角帽」。這種帽子差不多時興了將近一百年，是18世紀的帽式。通常帽子是黑色的，沿著三角帽整個邊都裝飾

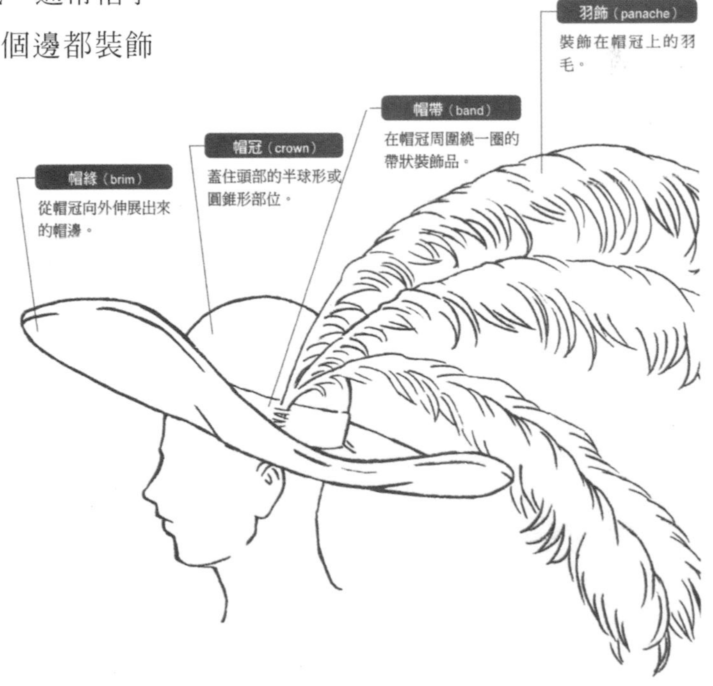

圖 6-14　法國風格時期男子帽飾。

上金屬絲帶或鑲邊。在採用了假髮以後，不論在室內或室外，紳士們拿帽子的時候要比戴帽子的時候多，把帽子折一下夾在腋下成爲一種禮儀（圖 6-15）。便帽在 17 世紀後期很重要，在家裡男子摘掉假髮時，用便帽保護剪短髮的頭部，便帽有各種不同的式樣，也可在睡覺時戴，起了擋風保暖的作用（圖 6-16）。

## （三）頸部

到 1625 年，小的輪狀皺領已經變成過於保守的標誌，只有官員們的制服採用，像皇家侍衛隊制服、教會合唱團的制服和挪威新教牧師的制服保留小輪狀皺領。寬的皺領不再漿硬，而是披在肩上，這種式樣一直盛行到 1630 年左右，此後開始流行花邊領。這種花邊領並不是新花樣，更多的是受荷蘭風格的影響。

1670 年人們開始熱衷於領飾，一塊細布打成摺圍在脖子上，然後用一根黑的或帶有顏色的絲帶繫住，或用花邊的絲帶圍在脖子上，然後用一頭繞另一頭繫住。據說一次戰爭中士兵們就把用來繫住領子的帶子打結成這個樣子，後來很快就成爲領飾的一種式樣。這也就是現今領帶的前身（圖 6-15）。

圖 6-15　三角帽對折後夾在腋下成爲一種禮儀。

圖 6-16　睡覺時戴，起擋風保暖的便帽。

## （四）腳部裝束

腳部平時穿粗毛襪，節日穿厚絲襪，一般比褲子的顏色淺一些。鞋的形狀比較長，前期爲圓頭後來發展成方頭。鞋跟比較高，常常漆成紅色；鞋舌很高，常常縫上一朵鞋花，後來隨著服飾上所用的飾帶，鞋舌上也改用緞帶裝飾。17 世紀後期，有的花花公子將緞帶蝴蝶結用鐵絲加固，使其向兩邊挑出好幾英吋長。90 年代後鞋釦代替了緞帶（圖 6-17）。

圖 6-17　17 世紀的服飾與鞋款。

在 17 世紀上半時期穿靴子的比較多，主要於出門時穿，有時也在室內穿，這大概是受戰爭的影響，即使不騎馬，靴子上也是裝有馬刺的，有些靴子一直高到膝蓋，然後從膝蓋位置翻折下來，露出裡面的襯裡，如圖 6-17 所示。有些靴子不高，靴子開口比較寬，在小腿肚中間附近就向下翻，可以看見帶有顏色的花邊或繡花襯裡、靴襪（靴襪是穿在靴子與襪子之間的第二條襪子），如圖 6-17 中編號 9 附近的短筒靴。

圖 6-18　後臀誇張的裙式（Bustle style）；袖子中間用緞帶繫住，形成兩個球形。

## 三、女子服飾

### (一) 服裝

17 世紀中的法國風格時期，只有在西班牙宮廷才繼續穿用鯨骨撐起的大裙子，這種裙子在西班牙宮廷一直持續到歐洲其他地區再次出現裙撐之時。西班牙以外的所有歐洲人當時都已不再穿用裙撐，讓襯裙、內裙和外裙自然披落，但裙子還是顯得比較笨重。這主要是由於裙子的布料較厚、層數較多，裙子內穿著臀墊仍普遍被使用，但多層的裙子無論如何的穿著總會露出大面積的其他襯裙或內裙（圖 6-17 中編號 5、6、7、8、9、12、13 的裙式）。女子一般穿三層裙子，外裙常在前面敞開開口，或將外裙前面裙擺捲起後拉到後臀處打褶垂放，使後臀更加突起（圖 6-18）。這種做法在後來得到大力的提倡，被稱爲 Bustle style（音譯：巴斯爾樣式），原因在於這些襯裙都是錦緞或其他絲織品製成，有各種不同的顏色，有的還有美麗的花邊，很值得炫耀一番。這使得在以後的一百多年裡，襯裙起了越來越重要的作用。

圖 6-19　胸衣前面繫上緞帶。

這一時期女子穿的緊身胸衣是長而尖的，其做工更爲精細、合體，可以直接外穿，下面與裙子直接相連，如圖 6-18 所示。在胸衣的前面或側面繫上柔軟的緞帶花結是 17 世紀上半時期婦女胸衣的時髦裝飾（圖 6-19），還有一種是在胸衣的衣襟下面裝飾多條長度不等的垂片（圖 6-20）。

17 世紀後半，胸衣腰身偏低，在 1660 ～ 1680 年，當胸衣不帶垂片時，胸衣的前後底邊都做成尖形（圖 6-21），後來尖角又有所緩和。袖子在 17 世紀發生了最突出的變化，幾百年來婦女在正式服裝中第一次裸露了一部分手臂。1625 年以後這種傾向開始出現，半截袖逐漸成了普遍接受的式樣，一般是半截前臂露出（參照圖 6-22）。此外，穿長裙者，剛開始時依舊流行大袖子，漿得比較硬，看起來像個汽球，經常袖子中間用一條緞帶把它繫起來，形成兩個球形。袖子上開了很多小開叉，露出裡面的白色或有色的襯袖，袖子長短不等，並有各種花邊裝飾。有時邊飾長短不齊，凌亂而又活潑，加上寬大的袖身用飾帶繫結分割成幾段，多層的燈籠袖狀顯得花俏與層疊（圖 6-21），這些也正是構成法國風格時期的女裝特色。

圖 6-20　胸衣裝飾垂片。

圖 6-21　法國風格時期的男裝與女裝特色。

圖 6-22　半截袖逐漸成了普遍接受的式樣。

17 世紀在宮廷裡總是穿罩袍，罩袍在前面開口並向後翻起，露出其本身的襯裡和穿在裡面的衣裙，簡樸的罩袍翻起時不拖地，但正式服裝中的裙子都拖曳在身後，並把外裙疊高折起堆在身後造成凸起的效果（圖 6-23、圖 6-24），這是 1690 ～ 1700 年的特點。

圍裙成爲女裝的重要部分（圖 6-23），農婦常穿戴藍色、褐色或灰色而不是白色的厚棉布圍裙，可保護身上的裙子不致弄得太髒。家庭主婦穿結實的白色麻布圍裙以保護細棉布裙，貴族子女們穿漂亮的圍裙可保護他們華麗的衣服，17 世紀最後十年，宮廷婦女們也在服裝上加上一件圍裙，用絲綢加花邊或花綢緞鑲金銀線，完全是爲裝飾。

圖 6-23　圍裙爲女裝的重要部分。

圖 6-24　時髦的婦女的帽式。

## （二）頭飾

1630 年前後最時興的髮型是較寬的方形髮式（參照圖 6-17 中女子髮式）。1650 年以後髮型趨長，腦後的頭髮捲成髮捲（圖 6-21 中女子髮式），有的會在頭髮上面放置裝飾品，如髮簪、珠子或花束、羽毛等（圖 6-22）。以後隨著緞帶裝飾的加強，頭上的蝴蝶結取代了花。但西班牙宮廷服裝一直是比較生硬，頭髮還保持了寬的方形。當然年紀大的老婆婆還是堅持舊的式樣，而有些中等家庭和農村的婦女們戴白色的帽子，婦女出門可以不戴帽子，也可以戴和男子相同的帽子。時髦的宮廷婦女有時戴上一頂用絲絨或水獺皮做的騎士帽，上面插滿了羽毛（圖 6-24 的中偏右女子）。不太時髦的婦女們有時戴上一頂寬邊高頂的呢帽，上面簡單的裝上一個金屬釦子或一根絲繩做裝飾，婦女們往往把寬邊帽罩在自己白色女式帽上（圖 6-24），頭巾是所有階層都採用的一種包頭布，最簡單的形式就是一塊絲織、毛織或花邊的方巾，從頭上包下來紮在下巴處（圖 6-24 右上農婦母女、右下角小女孩）。這種頭巾大部分是黑色的，而帶花邊的頭巾一般是白色的（圖 6-25），少數毛織頭巾可以是紅色的。

圖 6-25　花邊頭巾。

據說有個叫 Fontange（音譯：芳坦鳩）的宮廷妃子爲了更方便打獵，用自己的緞製吊襪帶將鬆散的頭髮紮起來，很快宮廷的其他女子也學著她的樣子紮起頭髮，「芳坦鳩髮式」，由此得名。並且大約在 1685 ～ 1715 年間這種髮式在當時非常的時髦（圖 6-26）。18 世紀以後這種頭飾越來越高，像哥德時代後期的尖頭飾和拖裙一樣使女子體型纖細，這種髮式有 20 多種，爲了強調高還使用了假髮，把亞麻布做成波浪狀的扇形豎在頭上；也有用白色蕾絲和緞帶以鐵絲撐著豎在頭上的，豪華的頭飾上還裝飾有寶石和珍珠。在頭後部有一個帽頂，豎起來的蕾絲或緞帶相當於帽緣，整個頭飾的高度可達臉長的一倍半。

圖 6-26　芳坦鳩髮式。

圖 6-27　17 世紀典型的領口。

## (三)頸部

17 世紀初上衣還有高領子，領圈有皺折，但已不再僵硬了。1630 年後流行各種低領口，如方形、V 形和半圓形，並習慣用白麻紗或襯衣遮住一部分胸部或頸部。典型的 17 世紀的領口在肩脖處比較寬，而在胸部比較低，因流行細長頸，往往在頸線下有一紗帶或花邊做的領圈，一直披到肩下以強調頸部。由於領子寬且深，幾乎把乳房以上的肩胸全部露出，再加上領邊的花飾或襯衣上領的橫向裝飾，以及那豐富多變的袖子，形成了很好的對比，更加烘托出那嬌柔的脖頸和胸口（圖 6-27）。

## (四)腳部裝束

除了農婦，婦女的鞋很少露出，婦女的鞋子樣式一般和男子的相似，只是鞋頭不那樣方，17 世紀初期流行大的鞋花，後來則盛行蝴蝶結和高鞋舌款式。貴族婦女鞋跟比較高，並且漆成紅色（圖 6-28），普通婦女都穿比較重的黑色皮鞋，後跟寬矮且鞋帶打結。只有富人才穿得起絲襪，窮人一般穿自己織的線襪。總之，主導 17 世紀歐洲藝術形式的是巴洛克風格，影響 17 世紀歐洲服裝樣式的主要國家是法國，法國在其特殊的歷史背景下，成功地把巴洛克藝術風格運用到包括服裝在內的日常生活的各個方面，並充滿了自由氣氛和活力，且帶有典型的宮廷味道。由於在 18 世紀後人們以爲這樣的風格是反古典藝術標準的，故而稱 17 世紀爲巴洛克風格，

圖 6-28　婦女的鞋子樣式與整體造型。

帶有幾分貶抑（「巴洛克」一詞西班牙語中意爲「不合常規」，特指各種外形有瑕疵的珍珠）。18 世紀後巴洛克風格在藝術史上和文化史上得到肯定，成爲西洋歷史上的重要文化階段。

17 世紀末期的女服（圖 6-29）大都是在多層而龐大的裙子上翻飛五彩的花邊、飾帶，這種裝束下的女子顯得嬌媚可愛，巴洛克藝術帶給女子以新的外觀形象，使她們展露出其特有的性別魅力，直到今天服裝設計師們仍然願意從此一藝術風格中尋找創造美的靈感。至於男服方面（圖 6-30）所表現的雕琢誇飾似乎達到了奢華和人工造作的頂峰，以致在西洋服飾史上，有人把這一個歷史階段稱爲雄孔雀時代，巴洛克風格的服飾總括而言是以男子爲中心、以宮廷爲舞台的歷史時期。

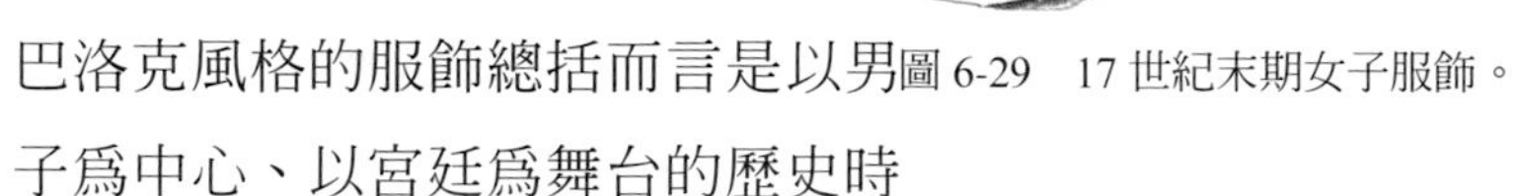

圖 6-29　17 世紀末期女子服飾。

圖 6-30　17 世紀末男子服飾。

## 問答題

1. 什麼是巴洛克風格？
2. 巴洛克時期男裝的特點是什麼，請以文字說明。
3. 巴洛克時期女裝的特點有那些請加以敍述。
4. 女子緊身胸衣的式樣和作用，請繪點後，加以敍述。
5. 巴洛克風格在當今的實踐，請舉例建築、藝術文物、服裝設計的作品加以說明。

# 第七章

# 洛可可風格時期的服飾

# 第一節　歷史背景與藝術風格

## 一、歷史背景

18 世紀是西方世界產生巨大變化的一個世紀，這是歐洲從思想文化對外擴張與貿易、生活方式與社會制度發生變化的世紀，這一切都使西方世界有了進一步的發展。

18 世紀的歐洲，從政治和經濟的形勢來看，德意志（德國）仍然分散爲幾百個小邦。義大利也是處於分裂狀態，海軍和經濟的優勢由英國主導。西班牙自戰爭以後變成一個弱國，奧地利雖強盛一時，但也只是呈現一時的軍事盛勢，國家並不穩鞏。因此，這個時期的國家中只有英、法在經濟和藝術上有普遍的顯著成就，這個世紀是個可以讓西方的資產階級者得以迅速發展的時期，新興的資本主義讓人民逐漸擁有經濟勢力，社會地位逐漸得到提高，因此造成社會結構發生深刻的變化。由於資本主義發展的需要，西歐列強對於新大陸的開發也有了新的進展，西方世界在一方面由於對殖民地的統治給西方各國帶來了巨大的利益，另一方面也因爲世界性貿易的往來，使經濟的運轉大爲加快。資金的迅速聚集使西方社會發生了巨大的變化，新興資產階級與富裕起來的市民階層在社會中越來越占有主導地位。

此外，自 15 世紀以後，自然科學在歐洲有了突破性發展，物理學、化學、生物學上的各種發明和發現，不僅在實際應用中讓生產力大爲提高，同時亦促進了資產階段的思想革命，打開了人們的視野，促進了新的科學世界觀的形成。產業革命又以英國的紡織工業革命爲主體和先導。紡織工業革命發生於 18 世紀的 60 年代，完成於 19 世紀 40 年代，英國資本主義下的生產，由工作坊進入到大機械之工業生產的過渡時期，紡織業主要表現在飛梭的使用和水利織紗，以及織布機的使用，使紡織的效率增長近百倍，這一切都爲歐洲走向近代工業社會奠定了牢固的基石。

歐洲的啓蒙運動也產生於 18 世紀，當時歐洲湧現一大批具有新觀念的思想家，如伏爾泰、孟德斯鳩和盧梭。他們以大膽而激進的言論批判宗教迷信，反對王權專制推崇個性自由，提倡人類平等博愛，並號召人們熱愛自然，對法國的革命和藝術變革起了重大推動作用，並將其影響擴展到歐洲。法國資產階級大革命不僅沖擊到王室貴族的寶座，也衝擊了他們日漸墮落的審美趣味。18 世紀法國發生的一系列啓蒙運動和思想政治革命，深刻地影響了法國乃至歐洲的社會政治形勢，有著突出的歷史作用和意義。但是 18 世紀後期，從英國開始並波及世界的工業革命，才眞正地改變了世界的面貌，它帶來大規模機器生產，從根本上把人類帶進了資本主義時代，是人類邁向現代化文明，最強而有力的一步。

發生在 18 世紀的這一切變化基本上是圍繞著英、法兩國進行的，然後擴展到全歐洲。當時的藝術風格，基本上以法國爲中心，新興資產階級不斷積累財富，封建王朝漸漸沒落，以致出現了資產階級沙龍文化，到了路易十四的晚年，朝政裡的高級官員和新興資產階級成爲一種取代舊貴族的社會勢力，於是沙龍成了社交的中心。沙龍中的人們只追求現實的幸福和官能的享樂，特別注重發展人類生活的外部要素，這就使人們的感覺異常敏銳和高雅，形成了不同於巴洛克宮廷的另一種文化形態。18 世紀的文化就是從貴族和新興資產階級的社交生活中形成的，這就是 18 世紀洛可可藝術產生的社會基礎與背景。

## 二、藝術風格

洛可可（Rococo）一詞意爲小石頭、小砂礫，後指具有貝殼紋樣曲線的裝飾形式（圖 7-1）。最初，這個用詞也是站在 19 世紀古典主義的立場上對 18 世紀室內裝飾和家具上裝飾手法的批判，後來與哥德式、巴洛克式一樣，作爲一種藝術風格，專指 1715 ～ 1770 年這一個歷史階段的藝術文化樣式的名稱。與追求華麗躍動美的巴洛克樣式相反，洛可可樣式追求一種輕盈纖細的秀雅美。早期的洛可可風格，是在巴洛克風格的崇高感度上加進了輕快、精美和小巧玲瓏的特點。但在後期演變爲過分的纖細、輕巧、趨於繁瑣，其豪華多飾具有典型的宮廷味道，使這一風格走向極端，此風格在形式上常見使用 C 形、S 形的漩渦曲線和輕淡柔和的配色。

圖 7-1　洛可可（Rococo）一詞意爲小石頭、小砂礫，後指具有貝殼紋樣曲線的裝飾形式。

1685 年，路易十四和曼特儂夫人結了婚，從此凡爾賽宮充滿一種抑鬱氣氛，於是大臣百官們便悄悄地離開了凡爾賽宮，開始到巴黎市內追求歡快的生活。路易十四死後，繼位攝政的奧爾良公爵菲力普（於 1715 ～ 1723 年在位）就在自己的巴黎府邸帕列羅瓦雅爾宮另設宮廷，當時將年僅 5 歲且居住在凡爾賽宮的路易十五（1723 ～ 1774 年在位）遷移到丘伊爾麗宮。後來，路易十五再次把宮廷遷回凡爾賽宮。從 1745 年起，隨著龐帕杜爾夫人成爲沙龍的主人，凡爾賽宮再度成爲藝術與時尚的中心。

18 世紀法國上流社會的顯著特徵之一是婦女在社會生活中占主導地位，以有教養的婦女爲中心過著文明的社交生活，這種社交活動場所就是「沙龍」。18 世紀是沙龍文化的黃金時代，在建築上，宮殿中往往用金子作裝飾，牆壁飾以玻璃鏡子，造成空間被擴大的虛幻感覺。牆壁與天花板，牆壁與牆壁間的直線都巧妙地用圓弧浮雕和紋樣裝飾起來，一切都盡可能地回避直線（圖 7-2）。這種裝飾主要是由貝殼、草莖和花朵構成，在造型上重現線的律動，喜歡用彎曲的、波狀的和渾圓的外形；並且常常打破均衡的規律，給人輕巧和不安穩的感覺。洛可可的原意就是專指這一時期的室內裝飾、家具，後專指這一階段的整體藝術風格，同時在日用品上同樣充滿裝飾，並受到東方精雕細刻的工藝、鑲金嵌銀的豪華風格，都給洛可可風格的形成以巨大的影響。

圖 7-2　德國桑蘇奇宮事典型洛可可式建築與裝飾。

18 世紀歐洲的服裝款式也經歷了從巴洛克時代那種富麗豪華的服裝式樣，逐漸演變成爲「洛可可」輕便、纖巧的樣式，其布料質地輕柔，圖案小巧精細，布料的色彩淡雅明快。總之，這一時期的男裝仍具有較多裝飾，帶有一些女性色彩，而款式上更重視機能性，三件式套裝已基本確立，女裝趨於纖細、淡雅，造型同樣反映了洛可可藝術風格的特點。當時不論老少與尊卑，在服飾上普遍使用精美的花邊和緞帶作爲裝飾，緊身胸衣和裙撐再度回到女子身上，服裝上有著許多的裝飾和點綴物，並結合化妝、噴灑香水成爲一時的風格。

# 第二節　男子服飾

進入 18 世紀，男子三件式套裝的變化趨小，並逐漸向近代的男裝發展，但流行變化仍很明顯，主要反映在衣長、上衣腰身及下擺的變化，布料及飾紋的變化，口袋位置的變化以及繫釦多少和繫那粒釦子等都成爲時尚的標誌。

## 一、服裝

18 世紀以後，男子的穿著大部分爲套裝，一方面變化速度緩慢下來，另一方面變化幅度也小了，不像女服波動那麼大，基本由襯衣、背心、外衣、短褲和長筒襪組成。

襯衣一般用本色的細薄布製作，也可用厚布，當時棉布十分時尚，尤其是用在襯衣上，襯衣仍然很寬大飾有小翻領，由於領巾的使用，胸部的花飾減少甚至消失，袖子很寬袖口有褶皺袖飾。與外衣同時穿著時，袖飾於外衣的袖口處露出，具有明顯的裝點性，但與巴洛克時期的襯衣袖口比，其裝飾變短而且也簡潔多了。有的襯衣在袖口處根本沒有花邊袖飾，在與收腰窄袖的外衣相互搭配穿著時顯得十分幹練（圖 7-3）。背心比上個世紀稍短一些，但比今日的仍長許多（圖 7-4）。背心經常用淺色系或帶花的布料製作，有時也用和外衣相配的布料製作，到 1750 年背心發展得更短，背心通常比外衣短，但仍在腰線以下並配有腰帶，在前襟底部常裁成倒 V 形，在 18 世紀中期之後，背心有雙排也有單排釦，且釦數很多在 10 枚以上，單排釦的背心可以見到有小立領的設計，同時也出現門襟疊合份不深、翻領不大的領式，如圖 7-3。

圖 7-3　洛可可式男子襯衣、背心和外衣。

外衣一般沒有領片，從領口到底邊有一排密密的釦子，有著明顯的收腰（圖 7-4 之圖左），下擺多爲向外展開形，但不會很寬。長度一般在膝部上下，以後又逐步產生了燕尾服，據說士兵在穿這種長外衣時將前襟和後身開叉處釘上釦子，騎馬時就將釦子打開，這樣騎馬時很方便。後來逐步把外衣的前襟去掉，逐步產生燕尾服，18 世紀 80 年代後，穿著前衣身下擺斜裁的燕尾服是很普遍的，衣釦有單排釦、雙排釦之分（圖 7-4 之圖右）。18 世紀後期外衣產生了領子，有翻領也有立領，如圖 7-4 之圖右。男子經常不繫外衣釦子以顯示背心及襯衫的布料及褶邊。

圖 7-4　爲洛可可後期外套的型態，這是從圖 7-3 的型態逐漸轉變而成的。

18 世紀男子一般都穿短褲，褲長至膝蓋處。早期這種褲子常用黑色天鵝絨製作，但淺色緞質褲也非常時髦且較寬，後來流行短式馬甲型背心，所以褲子做得較合身。這種短褲的褲襠較淺而褲腰較寬，褲腰開口處有兩、三粒釦子作爲開合，後腰中間有可調節的繫帶。褲腿較瘦，兩腿外側的下部有一排繫釦，褲口處有釦帶。到洛可可的後期，褲腿逐漸變長，直到膝蓋以下。

## 二、頭飾

17100～1715年，頭式與上個世紀末的頭式一樣，戴大假髮中分頭髮，長髮披在肩上。路易十四早期，法國國王的假髮從中縫向兩旁蓬起，有權勢者的假髮比原來更大了，他們的假髮以白色爲貴，還有灰色的，更多的假髮是天然色的，人們採用各式各樣的方法把假髮燙成髮捲（圖7-5）。

1730年有學識的博士、有地位的紳士和法國的法官會戴一種披肩假髮，年輕人則留軍人的髮型，即假髮上繫一條緞帶，並打一個蝴蝶結。1740年以後，一般人都盛行梳長辮子，在辮梢處繫上小小的蝴蝶結。還有一種把頭髮梳到腦後的梳頭方法，並用帶子紮起來，用黑絲綢小布帶纏住，再用蝴蝶結牢牢的把頭髮紮住。同時流行在頭的左右兩側，把頭髮燙成棒形髮捲，覆蓋在頭兩側或半覆蓋著耳朵（圖7-5）。

18世紀的上半時期，並不是所有的男子都戴假髮，很多人在自己的頭髮上紮髮結和小髻、梳辮子或做些簡單的裝飾。當時的男子一般是不留鬍鬚的，只有不修邊幅的人和農民才有留鬍子的習慣。

1700～1780年一直流行戴翹起帽邊的三角帽。1780年以後出現不翹帽邊的帽子和有兩邊翹邊的帽子（圖7-6），或前後兩頭翹，或左右兩邊翹。這種兩翹的帽子都是黑色的，一頭翹的是其他顏色。一般不用裝飾，但也可用羽毛、花結等作裝飾，這些捲邊的帽式

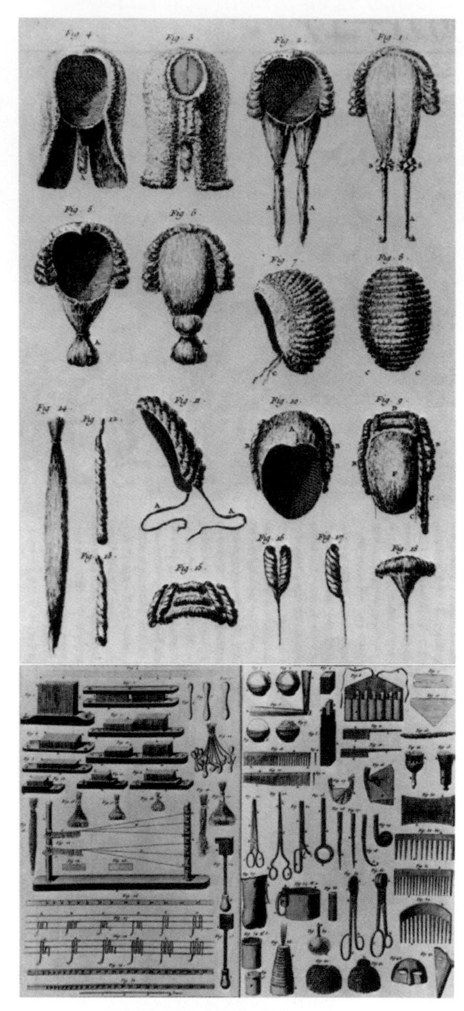

圖7-5　假髮與燙成髮捲的工具。

圖7-6　洛可可時期男子翹邊的帽式。

同捲曲的髮式結合起來，形成了彼此呼應且統一的視覺效果，這是洛可可風格中所謂的 C 形與 S 形，是男子裝飾中最直接、最明顯的體現。

## 三、頸飾

18 世紀男子都繫一條圍繞脖子的領巾，通常帶花邊兩端在前面垂下。這也是17 世紀末期男子的領飾型態。1725 年後比較盛行繫一條本色且沒有花邊的領巾（圖 7-4 之圖右；圖 7-7）。領巾的圍法有多種式樣，有時用一條窄黑色絲巾繞脖子一圈，或用一條領巾紮在假髮的髻上或辮上，再讓緞帶纏繞脖子以求不同的裝飾效果，而最爲常見的是用領巾在頸前或頸後紮個蝴蝶結，這種裝飾方法後來演變爲今日的領結。

## 四、鞋襪

在 18 世紀，男子一直流行穿白色或淺色的襪子，襪子可用黑絲絨繡花作成各式裝點，而下階層民眾以穿著黑色羊毛長筒襪者居多。

男子所穿的鞋子的樣式與 17 世紀的鞋式相差並不十分明顯，區別主要在於不同的裝飾和顏色，但在造型上變化不大。靴子較上一個世紀有所變化，主要是靴筒增高，沒有翻摺的樣式。總之，18 世紀男裝的外形線條要比 17 世紀巴洛克式男裝要流暢簡潔得多，產生了早期的套裝，服裝越來越趨於簡單化和功能化，而且男裝先女裝一步，逐漸向近現代演變（圖 7-7）。洛可可整體藝術風格對服裝的影響在女裝上的反映大大超過男裝，也就是說，洛可可時期的服裝是以女子爲中心，以沙龍爲舞台充分展現的。

圖 7-7　洛可可時期的男裝型態。

# 第三節　女子服飾

17 世紀巴洛克時期是男人爲中心的時代，而 18 世紀的洛可可時期則是女人爲中心的時代，因此，洛可可時期的造型樣式便集中表現在女子服飾上，如前所述，女性是沙龍的中心（圖 7-8），男性殷勤地服侍女性，這樣的社會環境使女裝的外在形式美發展到極致的地步。爲了博得男性的青睞和歡心，女人們挖空心思裝扮自己，這種努力主要表現在被緊身胸衣勒細的纖腰和用裙撐增大體積的下半身，及眾多裝飾和淡雅的著色。

圖 7-8　女性是沙龍的中心，男性殷勤地服侍女性。

## 一、服裝

1715 年以後，一些婦女拋棄了晚期巴洛克式的生硬、豪華，出現了一種長裙叫 Cotouche（音譯：孔杜詩）。它源於一個叫 Manfespan 的夫人在懷孕期間當眾穿的寬鬆家用袍子，別的婦女也開始在散步、作客時穿，因此而流行起來並作爲正式服裝，裙擺和裙撐的效果沒有了，裙子通過襯裙上窄下寬而形成漏斗形，襯裙用金屬條或鯨骨框架撐起。由於對鯨骨要求很多，當時專門組織了捕鯨隊來滿足婦女襯裙的裙環訂製需要。有人把「孔杜詩」叫作響亮的長袍，因爲寬鬆合適的孔杜詩在圓錐形鯨骨框上展開，使婦女像一口鐘，穿高跟絲鞋的小腳像個鐘錘。孔杜詩爲前開襟，帶有亞洲長袍的味道。當時還流行一種長袍後肩打皺，在穿這些長袍時，裡面保留了巴洛克時期用帶子束緊的胸衣（圖 7-9）。

圖 7-9　孔杜詩（右邊站著的女子），裡面保留巴洛克時期用帶子束緊的胸衣。

裙子逐漸由圓錐形發展成半圓形，上衣做成緊身胸衣的形狀緊身而苗條，上身明顯地形成 V 形，細腰曲線再次體現出來。個別的也有「U」字形的或圓形的造型 ( 參照圖 7-9），有時用裝飾線突出腰間的尖狀，胸衣上多用緞帶、梯形花邊裝飾，裙子居多爲兩層，外罩袍時常敞開露出內裙（圖 7-10）。1730 年後，受洛可可風格的影響，女裝出現這樣的特點：

1. 服裝裝飾愈多也愈華麗，頭飾愈來愈高。從上至下，從胸衣至裙擺依次裝飾著層層花邊、緞帶和蝴蝶結，洛可可的繁複裝飾在裙子上表現得最爲顯著，採用聚集的絲質緞帶、人造花甚至鮮花裝飾衣裙，使婦女看上去像飛舞的花園，被稱爲「移動的花園」。後來，裙子、袖子、胸衣、領口都裝飾蝴蝶結或荷葉邊等飾物，使此一風格達至巔峰（圖7-9）。

圖 7-10　裙子居多爲兩層，外罩袍時常敞開露出內裙。

2. 裙撐的普遍使用。剛開始流行的裙撐是呈鐘狀的，在麻布或棉布裡襯上鯨鬚作爲骨架，其直徑較文藝復興和巴洛克時期有過之而無不及。骨架從上到底部分爲4～8段，繼而這種直立式的骨架日益增大，造成日常生活不便（圖7-11）。1740年以後，半圓形鯨骨框在前後身變平，而向側面伸展，有的裙邊長近4呎。一個穿大裙子的夫人必須儀態端莊地斜著通過門，陪同她的紳士只能走在她前面或者後面，不可能與她並行。 於是在1740年前後，

圖 7-11　洛可可時期鯨骨框架日益增大。

在橫向擴大款式的基礎上又設計出較爲方便的形式，這種裙撐上裝有鉸鏈，需要時可將裙撐兩側落下，裙撐還可以通過繩帶放大或是縮小。它主要流行於18世紀50年代和60年代。當時一位德國女性這樣敘述了裙撐流行的理由：奇妙的是那些男子漢們，對我們腰部裝飾非常注意，看我們走路或跳舞時，就目不轉睛地盯著我們下半身，因此我們就非把下半身大大，地加以擴充不可。這是女性強調肉體美是決定服裝美和樣式的關鍵，實際上，洛可可時代的女性也就是在這樣的前提下考慮衣著的。

3. 緊身胸衣在洛可可時期，腰身變得更爲細小而上胸突起（圖7-12），以致女子根本不可能自行穿著，需他人幫助才能完成。束緊的腰腹使女子難以呼吸，倍感鬱悶，因此女子常持扇子不時搖扇，因故扇子也成爲貴族女子的飾物，盛裝時，更是用小一號的胸衣拼命往身上套穿，至使胸腹部血液流動受阻，袒露的胸口可看見青色血管，成爲當時極具性感的重要美點之一。到18世紀中期，緊身胸衣的製作技術進一步提高，主要表現在嵌入鯨鬚的數量和方向上，據說從嵌入鯨鬚的數量和接縫的處理可以判斷製作年代（圖7-13）。過去的緊身胸衣多數是在前面開口繫紮，這時期一般都在後邊繫紮。由於此時的緊身胸衣腰部

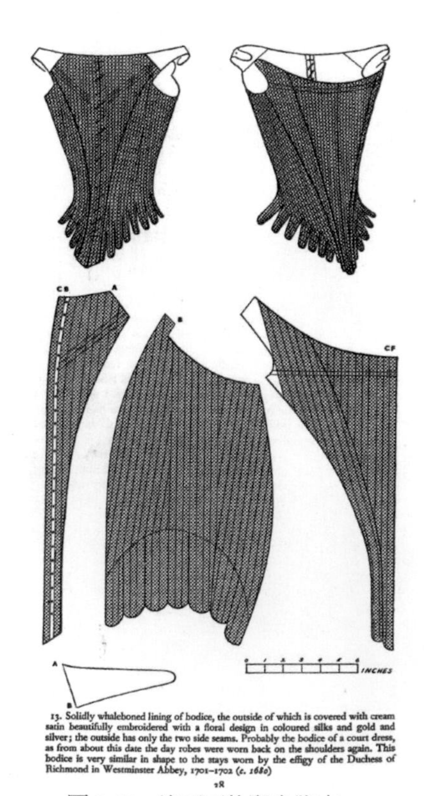


圖 7-12　洛可可的緊身胸衣 。

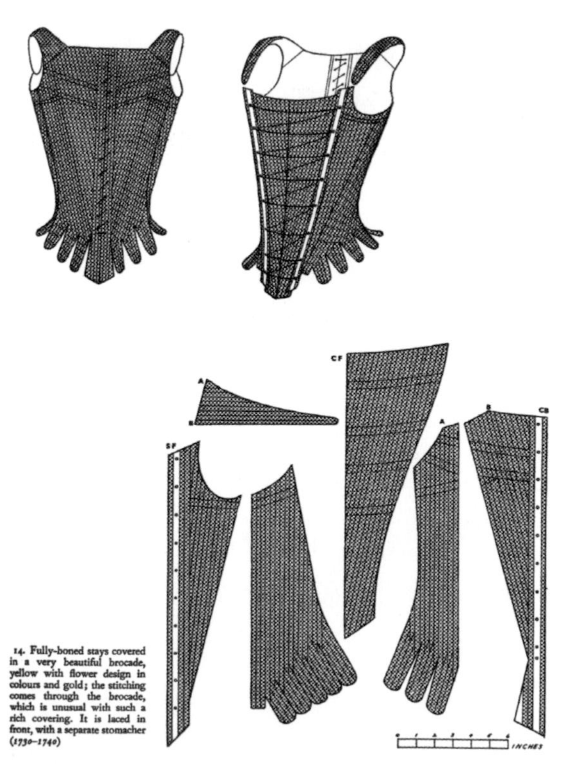


圖 7-13　從多裁片的緊身胸衣所嵌入鯨鬚的數量和接縫的處理，可以判斷製作年代。

極度細小，而胸乳部位前突，突胸和細腰形成了強烈對比，使女子的性特徵更加明顯，再加上胸衣的下部呈尖角形，使風俗史學家認爲，這種裝扮極易把人們的視線引向女子的性特徵部位。緊身胸衣與裙撐的共同使用，形成了上下彼此烘托，寬裙襯出細腰，細腰托出了寬裙，使女子更具性感，再上諸多的裝飾和豪華閃亮的布料，讓女子顯得美豔嬌弱。洛可可的女裝雖與巴洛克女裝有顯著的不同，但也有如出一轍的地方，共同形成歐洲服飾史中的女裝經典之作，以至日後的許多服裝有所效仿，就算是今日也常成爲現代設計師的靈感來源。

緊身胸衣和裙撐雖然增加了女性的美感特徵，但女性所受的折磨是可想而知的。縮緊的緊身胸衣使得她們的呼吸困難，龐大的裙子讓她們的行動極爲不便，使得她們在崇尚人體美、形體美的同時亦被時尚的「牢籠」給奴隸了。

## 二、頭飾

洛可可時期婦女的頭飾與帽子式樣非常豐富，頭飾的前後變化也非常大，頭飾成爲洛可可時期女子服飾的主要特色之一。17 與 18 世紀相接之際，女子們保持了芳坦鳩（以人名命名，向上梳的髮型）的頭飾。而進入到 18 世紀上半時期，婦女頭飾變得很自然頭飾不高，有的燙成很自然的髮捲，17 世紀末高聳的芳坦鳩頭飾已經不再時興，改變爲小巧的頭巾裝飾，呈現出優美與文靜感，捲曲的頭飾上裝飾一些珠子和花朵（圖 7-14）。

圖 7-14　洛可可初期婦女頭飾變得很自然，頭飾不高，有的燙成很自然的髮捲（該女子爲洛可可時期代表人物路易十五的寵妃—MMe. de Pompadeur 。

1750 年以後，法國婦女逐漸將髮式向高處發展，出現了很多高頭飾，到 1774 年這種高頭飾發展到頂點，婦女們不可能自己梳起這樣的髮式，總是由頭飾製造者或叫理髮師來梳。其方法是在頭頂放一個馬鬃襯墊，將頭髮一邊向上梳起並用髮夾和潤髮油固定在馬鬃襯墊上面，一個圈形的辮子和兩排捲髮垂在頭頂上，頭髮也可以梳成一個平台式樣，上面放蘋果和花，或者放置豎立著許多帆的船。最高的頭飾能使女士的下頦位置，是處於整個人體的中間，梳高髮式的女子在坐馬車旅行時，由於車棚的高度不夠，女士們必須跪著，好給她們的頭飾提供空間，這種頭飾一般在頭髮上撲粉，有白色的也有淺顏色的（圖 7-15）。

圖 7-15　1750 年以後，法國婦女逐漸將髮式向高處發展。

洛可可時期的女子帽子式樣也非常之多，其中包括這樣幾類：

**1. 頭巾帽**

式樣繁多，大多以頭巾包頭，由於包法和繫紮方法的不同產生了各種樣式。有的包於腦後，一般邊緣處飾有花邊。有的向高、寬處發展，以頭巾作各種立體造型，既多變自然又十分美觀，甚至紮成比頭大幾倍的花朵。還有的以金屬絲支撐作蓬開式造型，然後用頭巾纏裹，並形成眾多的褶皺以作裝飾（圖 7-16）。

圖 7-16　洛可可時期的頭巾帽式樣繁多，大多以頭巾包頭；圖右上角為三角帽，右下角為洛可可後期的帽式。

**2. 帶緣帽**

寬帽緣和帽冠低的式樣，帽上或飾綢帶或飾羽毛，也有用花來裝點的（圖 7-17）。

**3. 三角帽**

女子在出門騎馬時可戴三角帽，也就是捲檐帽，帽上經常裝飾羽毛、綢帶及其他飾物，顯得十分時髦。與男子的三角帽不同之處在於男子的帽子可以戴在頭上，也可拿在手中，而女子的三角帽在戶外是一直要戴在頭上的，常用帶子繫於顎下（圖 7-16）。

圖 7-17　帶緣帽爲寬帽緣和帽冠低的式樣。

## 三、頸飾

洛可可時期流行低領口。裙子的領口像睡衣的領口，胸前有一蝴蝶結裝飾，一般的裙子爲寬圓領口並有花邊裝飾（圖 7-17）。三角圍巾在 18 世紀比較流行，婦女把它披在肩上或塞進領口。有的在穿低領口女裝時，在脖子上戴一皺邊領飾，這是輪狀皺領的演變，但製作要比輪狀皺領簡單得多，即用橡皮筋把緞子抽成褶戴在脖子上，1700 ～ 1780 年婦女一般穿圓低領，1780 年後許多婦女穿方低領，披肩披得特別蓬鬆（圖 7-18）。

圖 7-18　1780 年婦女一般穿圓低領，1780 年後許多婦女穿方低領，披肩披得特別蓬鬆。

## 四、足飾

洛可可時期女子既長又寬大的裙子掩飾了她們的腿足，但她們在跳舞與做提裙動作時便會不時地顯露出腿足部分。裙子的動態，時隱時現著雙腳，暗示著雙腿的性感。這是情色美學的要素之一，偶爾把裙子向上提起時，遮蓋著的腳和腿忽然閃現，這種短暫的顯露效果，其性感的吸引力十分強烈。從此點說明，當時在女裝中，鞋與長襪是至爲重要的。

上層女子當時已普遍穿高跟鞋，與巴洛克時期的女鞋比較，沒有太多的變化，所變的只是鞋跟更高更細，鞋頭變爲尖形，鞋舌上方往往有搭釦（圖 7-19）。

法國大革命後，在受到新古典主義的影響之下，服飾從強調富麗嬌柔的風格，走入以俐落自然爲主流的時尚（圖 7-20）。男子不再戴假髮，並以短髮爲主，由「高禮帽」和「雙角帽」取代三角帽，捨棄了衣服上的豐富裝飾，襯衫領豎起圍裹著領巾，外套的型式以近似今日的西裝式外套款式，褲子則維持先前型態，但也是接近現代的西褲樣貌，至於鞋子方面，男子高跟鞋已由靴子所取代。

圖 7-19　洛可可時期的鞋跟更高更細，鞋頭變爲尖形。

圖 7-20　法國大革命後，男子服飾走入以俐落自然爲主。

1790 年後期的女服與帽式，逐漸捨棄過去洛可可時期的華麗嬌弱，轉而趨向優雅文靜（圖 7-21），尤其到了 1798 年，女性開始流行短髮，頭戴 Straw bonnet 的麥梗帽，服裝採高腰長袍式，袖子漸由「荷葉邊飾袖型」，改爲「合身長袖或泡泡短袖」爲主。再者，女裝也一改緊身束腹、裙撐和華麗浮誇的打扮，而以淡雅爲主張。女子鞋款則由布料質材來製作成「Flat shoes」（尖頭平底鞋）。

圖 7-21　女子服飾則以優雅文靜爲表現。

## 一、問答題

1. 何爲洛可可風格，請文字說明。
2. 洛可可風格的男裝特點爲何，請說明之。
3. 洛可可風格的女裝特點有那些，請加以敍述。
4. 洛可可風格的男女裝髮式，請以繪圖方式舉例說明。

## 二、本章要點

歐洲文化藝術的演變與表現特徵。

# 第八章

# 18世紀末至19世紀初期的歐洲服飾

# 第一節　文化背景

## 一、英法的發展對歐洲的影響

18 世紀中期，歐洲有兩次革命性的運動，爲歐洲近代史的發展奠定了基礎。

首先是產生於英國並迅速影響到整個歐洲的工業革命，使資本主義經濟在歐洲發展起來，新的生產方式和新的生產關係使生產力極大的提高，經濟得以迅速發展。其次是產生於法國的啓蒙運動，向封建制度與教會思想進行宣戰，這不僅影響了法國，而且影響到全歐洲乃至於世界的其他地方。啓蒙運動的特點是對當時的教會權威和封建制度採取懷疑和反對的態度，把「理性」推崇爲思想和行動的基礎，在思想上追求自然神論或無神論，在政治上主張開明制度和民主政體。

18 世紀末的英國工業革命和法國的啓蒙運動，對整個歐洲產生了極大的影響，打開歷史通往近代的兩扇大門，成爲近代文明的堅實基礎。

## 二、社會變革

在政治方面，首先是在法國產生了 1789 年的資產階段大革命，19 世紀又發生了一系列的社會變革：1830 年的七月革命與同年的王政復辟；1831 ～ 1834 年的里昂工人革命；1848 年的二月革命；1852 年拿破崙三世的政變；1870 年的普法戰爭以及 1871 年的巴黎公社；法國的革命形勢一波又一波且愈加高漲。在俄國，則有 19 世紀 20 年代的十二黨人革命。此外在德國、義大利以及匈牙利等國家，都有統一或獨立的革命運動產生，這一系列政治變革和革命運動，掃去了舊的傳統思想，動搖了封建的君主制度，使得全歐的封建制度走入尾聲。正像列寧先生所言「整個十九世紀的人類文明和文化都在法國革命的影響下渡過。」它爲全世界奠定了資產階級民主、資產階級自由的基石。

## 三、藝術與服飾風格

法國大革命前夕，社會前進的主導力量需要藝術爲革命進行宣傳，作爲鼓吹自由、平等、博愛與共和的有力武器；在形式上必須排除種種靡爛奢華的脂粉味，於是資產階級的藝術家們再次提倡古典的藝術形式，借由它們的號召來蛻變世界歷史的新風貌，這就是新古典主義應運而生並不斷高漲的主要動力。

新古典主義藝術的興起還有另一個原因，在貴族的官方藝術方面，因不滿足洛可可風格的面貌，人們需要換一種形式來維護與延續既有的秩序，需要一種新的視覺與感受，所以新古典主義的發起，從一開始就有它內在的社會原因和藝術發展的內在動力的雙重性。

新古典主義藝術的特徵是發起於 18 世紀的 50 年代～ 19 世紀初，風靡西歐的美術樣式，它力求恢復古典美術（主要指希臘藝術和羅馬藝術）的傳統，強烈追求古典式的寧靜和考古式的精確，受理性主義美學的支持，大量採用古代題材，與衰落的巴洛克與洛可可藝術相對，代表著一股藉由復古風潮展開新一股的潮流，並標示著一種新的美學觀念，從某種意義上來說，它是與啓蒙運動和理性時代相呼應的藝術樣式。

作爲一種藝術風格，古典主義自然在各個藝術領域裡皆有所表現，僅就造型藝術而論，它也是遍及於建築、雕刻、繪畫各個方面的。在建築上，典型的有巴黎的巴德蘭教堂和愛德華廣場的凱旋門（圖 8-1）。

在服飾藝術方面，新古典主義一反巴洛克、洛可可風格的華麗多飾，轉而追求簡潔與樸素的古典風格並追求健康、自然的古希臘、古羅馬的服飾風範，並以此爲典範。當時以自由、平等爲口號的法國大革命，一夜之間改變了文藝復興以來三百年間形成的貴族生活方式，一掃路易宮廷奢侈的惡習和貴族特權，摒棄了繁複的人工裝飾。當時服裝的色彩與形貌，成了區分贊成革命的市民派和反對革命的王黨派的標誌。啓蒙運動的傑出思想家盧梭，當時作出表帥，他拋棄長襪和精緻的襯衣，把錶賣掉，把劍丟棄，穿戴用厚布縫製的普通衣服和簡便假髮的變裝行動。

圖 8-1　巴黎凱旋門。

大變革影響了服裝式樣，甚至連貴族的服飾也變了，法國和歐洲流行起古典的服裝，婦女採用窈窕的線條代替和以後汽球般的外觀。爲了仿傚希臘和羅馬的式樣，人們過去穿的襯裙和裙撐不再流行，男子也不再穿馬褲了。漂亮的女裝製作非常簡單大多爲白色，而且不需繡花和裝飾，完全依靠體型的魅力和線條的純眞來表現自己。

# 第二節　新古典主義的男裝

18 世紀末至 19 世紀初的男子服裝與以往相比，沒有出現大的起伏和創新，在女裝方面，樣式的變化並不太大，只是開始追求衣服的合理性、活動性和機能性。

至於之前強調奢華矯飾的現象逐漸消逝，故此時，男子拋棄裝飾繁縟的衣裝，卸下沉重的假髮頭套，留起輕鬆簡便的髮式，以俐落自然的短髮爲主。高禮帽與雙角帽取代三角帽，衣服上的華麗虛華的情形已不覆見；襯衫領豎起，並圍裹著領巾，「裘斯特克式對襟長衣套」也被「前襟呈矩形缺角外套」與「下襬較短款式簡單的外套」（此款式爲平民所穿著，類似現今西裝外套款式）所取代。在褲子部分，除維持之前的形式外，也出現接近現代西裝褲的款式（這種款式採用很合理的方法分片裁片，最初它是水兵們勞動時穿的，也爲廣大平民穿著的代表款式），而男士的鞋子則是以靴子取代秀氣的高跟鞋。

近代男性服裝誕生於英國式樣，特點是合身，用羊毛或毛呢製成，舒適的禮服和上衣都有襯裡和雙層鈕釦。長褲替代了短褲，並依據布料合身剪裁，長度一直延至馬靴，同時廢除鞋子和絲襪。當時一位英國的風流雅士布魯梅爾（1788～1840 年）在男裝服裝史上扮演了一個重要的角色，他對男性風度有一種新的理解和審美觀念，曾提出兩項重要原則，對當時的男裝產生了重大的影響：(1) 提倡用清潔而精良的亞麻布；(2) 取消服裝上的虛飾，認爲注重服裝的剪裁和工藝更勝於裝飾。

## 一、18 世紀 80 年代

### (一) 服裝

此時的上衣最值得注意的特點是外衣尺寸大爲縮小，年輕人的外衣前襟下角明顯收縮，垂到膝蓋的後面，釦子只是一種裝飾。衣袖很緊，領口處有高翻領加以裝飾，而衣身上的裝飾大爲減少，甚至消失。背心縮小至僅僅長至腰圍以下。褲子已經完全露在外面，並且十分緊瘦。男裝既要緊身又要不出褶，這可能是導致人們愛穿皮革馬褲並使之流行起來的原因。皮革在當時大概是能夠經得起緊身拉力的唯一具有足夠彈性的布料（圖 8-2）。

18 世紀 80 年代，齊膝的馬褲漸漸變成長至腳踝的馬褲，也就是今天我們通稱的長褲。繫有流蘇的雙層懷錶袋懸吊於大腿部位，兩側各有一只，上面刻有印章圖案。這種隨身的外表裝飾在當時風行一時，帶有裝飾的手杖也是紳士們不可缺失的附屬品。

當時另外一個很重要的服裝種類，便是長外衣，衣領有三層，所用衣料是厚呢，這種有三層飾領及特大翻領的長外衣是當時最流行與時髦的式樣（圖 8-3）。

## （二）領帶

隨著男裝逐步趨於簡潔，領巾領帶成爲男子不可或缺的飾件。進入 18 世紀 80 年代後，領帶再次大爲流行，其變化多樣主要在繫法的不同，以及材質色彩的變化。後來，年輕人又開始隨意佩戴自作改變的各式領帶。領帶樣式的變化更加多變化了，連它的創造人也難以辨認（圖 8-2 ～ 8-3）。

圖 8-2　18 世紀末的男子服飾。

圖 8-3　18 世紀末 19 世紀初的男、女服飾樣貌，右下角的男子穿著五層領飾的長外衣。

## （三）頭飾

1780 年後，男子假髮開始變短，同時髮捲波浪減少，體現出更多自然的形態。假髮在腦後紮起的形式消失了，一般只剩左右兩側的單或雙髮捲。而帽式前期仍風行寬緣帽，分三角帽和兩角帽兩種款式。18 世紀 80 年代後期，帽子出現較大的變化，主要是帽緣變窄，帽筒增高（圖 8-4）。

圖 8-4　18 世紀末至 19 世紀初的男子帽式。

## 二、18 世紀 90 年代

### (一)服裝

圖 8-5　18 世紀末法國大革命後，法式男裝朝簡潔、樸素和機能化的方向發展。

18 世紀 90 年代的外衣、背心和領子的變化是這一時期的主要特色。當時普遍帶有寬大的翻領，有的衣領很高甚至到達耳部，還有的衣領大得出奇；外衣和背心都是雙排釦，大鈕釦和顯眼的錶袋都是前所未見的；袖子緊合長至腕部，只露出很少的白襯衣，出現了直線的前擺燕尾，外衣和馬褲又緊又瘦，膝部外則用一串串繩釦取代了鈕釦，長度在膝以下或直接裝入靴中。

法國大革命以後，法國的男裝也起了很大的變化，人們不再沿襲舊有的貴族式樣，並反對過於豪華和繁瑣的裝飾，而是吸收和接受更多來自海峽彼岸英國的新興資產階級和貴族的田園式裝束，使法國的男裝向著更加簡潔、樸素和機能化的方向發展(圖 8-5)。當時社會還有一種怪誕的裝束，但是身穿這種服裝的人被人們稱爲「瘋癲狂」，是頽廢派的典型代表。令人不可思議的是，他們的樣子反而被人們認爲要比那些衣冠楚楚的人更加安全，瘋癲狂的綽號對他們來說是名符其實的。因爲他們的頭髮蓬亂，領飾皺成一團，翻折的衣領大的出奇，全身打扮邋遢且毫不講究。

18 世紀末，最值得提及的服裝是長而寬大的褲子。在法國大革命時期，貧窮階層的革命者被稱爲「非馬褲階級」。幾個世紀以來，勞動階層一直爲了實用而穿著蓋過腿部的罩褲，當勞動階級的地位得到提高以後，這種「非馬褲」便受到尊重而最終演變爲流行，這一切都是法國大革命的結果。

### （二）頭飾與鞋帽

1790 年以後，只有少數男子仍然戴假髮撲頭粉。一般男子髮式都很自然，也不再撲頭粉，髮式很鬆散，有時也將頭髮剪得很短。這一時期，有許多男子把鬢角留得很長，滿頭髮捲和頭髮側分開始興起，整體髮式上一改以往的中分、留長髮、戴大假髮的頭式，這是新派人物、革命派人物在頭飾上的具體表現（圖 8-4）。

18 世紀 90 年代初男子的帽子沒有太大的變化，90 年代末一些男子流行戴小緣邊、帽筒更高的禮帽。這種禮帽從英國傳過來，窄窄的帽緣略有翻邊，有時戴在頭上，有時拿在手中或夾在腋下，形成典型紳士風度的一部分。由於當時的衣服一切從簡，所以帽子、錶袋、領巾構成了當時男子的主要裝飾，如圖 8-4 所示。

18 世紀 90 年代特別注重頸部裝飾，一些男子將白色領巾繫得很高，有時纏至下巴，襯衣的立領也常高過下顎。隨著新古典主義服飾風格的興起，男士的鞋子逐漸變成淺口無跟的樣式了，但穿靴的依舊存在。原來穿著靴子時會露出一部分襪子，而 18 世紀 90 年代隨著男子褲腿的加長，襪子不再露出，靴和褲的穿搭方式與今日已相差無幾。

## 第三節　新古典主義的女裝

新古典主義時期的女裝比男裝具有更多的變化，新古典主義的風格更多的體現在女裝當中，此時期的英國在接受古希臘藝術風格的影響要比法國快，英國人毫不在意地從藝術泉源中自由採擷服裝樣式進行革新，其上衣樣式簡單、大方，與 18 世紀 70 年代矯揉造作的服裝相比，讓人耳目一新。法國人在這一點上雖然顯得遲鈍，但新古典主義的裝束很快地影響到法國和全歐洲（圖 8-6）。

圖 8-6　新古典主義的典型女裝。

大革命之後，古希臘式的服裝、建築藝術和哲學思想受到人們的普遍歡迎。由於對古典主義的追求，英國人的服裝已趨向於簡化，而淡雅的英國服裝對法國也產生了影響。古希臘的長內衣、長外衣、新式緊胸衣和無袖短內衣都被法國人和西歐人所接受，新古典主義的服裝成爲時尚。

在大衛畫的 Madame de Verninac（音譯：達・塞里加特夫人）的肖像畫中，夫人的服裝體現了新古典主義的完整特點（圖 8-6），她身上的服裝柔軟合身高腰線，取消了襯墊和支撐物，領口內襯有三角薄圍巾，這種裝扮與希臘長內衣不盡相同。服裝簡潔樸實，令人看後心情舒暢。與古希臘裝扮明顯不同的是，夫人的帽子及帽上飾物還有洛可可的味道。夫人的外衣完全是棉織品製成的，沒有繁複的裝飾。從這一點可以看出它同古希臘服裝的淵源關係。這種古典運動對此後二十五年的服裝樣式卻有直接影響。

## 一、服裝

1790 年代後期女性服飾的發展，逐漸捨棄過去洛可可風格的誇張矯飾，轉而趨向淡雅平實，特別是到了 1798 年，女性開始流行短髮，而古希臘式的髮型也成爲最流行的樣式。在舊式髮型基礎上，採用優雅、華麗的裝飾緞帶和寶石來點綴，以顯示出新貴式的「時髦」。洛可可時期女人慣用的飾顏片、有色髮粉和沉重的頭飾則都銷聲匿跡了，而高腰長裙款式是當時最流行的樣子。女子穿著白色細棉布製作的寬鬆襯裙式連衣裙，卸除緊身胸衣和笨重的裙撐和臀墊，甚至連內衣也不穿了，出現了能透過衣料看到整個腿部的薄衣型服裝樣式，因此，服裝史上也把這一時期稱爲薄衣時代。這種高腰身、短袖子、薄衣料裝束，有愛奧尼亞式一樣的簡潔感，當時女子喜好顯露手臂（圖 8-6）作爲彌補，並盛行戴長及肘部以上的長手套（圖 8-7 女子圖中的中間女士裝扮或圖 8-3 左上角女子裝扮）。

圖 8-7　細薄織物做成的女裝爲新古典主義的女裝帶來了全新的面貌。

新古典主義的女裝與古希臘或古羅馬的女裝的不同，除了在一些款式上的特徵外，最明顯的就是布料使用的不同。新古典主義的女裝較爲現代感且更加的時尚，常見薄而柔軟的棉織物，飄逸透明的織物效果是 1760 年英國產業革命的結果。產業革命使纖維紡織技術有了顯著的發展和進步，高支紗的細棉布及紗、絲綢等薄布型棉織物應運而生，細薄織物做成的女裝爲新古典主義的女裝帶來了全新的面貌（圖 8-7）。

18 世紀 80 年代，巴黎女裝還沒有發展到英國女裝那麼線條流暢的古典樣式，但比 70 年代要簡化許多。裙撐逐漸變小直到消失，但緊身胸衣還有所保留，頭髮梳到背後，髮捲上撒灰色飾粉，裙子不再是裙環和裙撐，後腰處用一小襯墊將臀部墊起形成翹臀。胸部飾以圍巾或有大披領裝飾，側面影像只凸胸部（圖 8-7 下圖女子的穿著），圍巾很鬆地交叉在胸部並用支撐物撐起，形成前挺後翹的形象。這個時期女性服裝受政治運動和男子式樣的影響，婦女在頭上戴高頂式黑色男帽，在白色衣服外面穿一件很緊的男式女外套，巨大的英國草帽也變成了相當複雜的法國形式。有一點應該注意：一般時候女裝衣服完全是白色的，這是由於受龐貝城被火山灰燒盡的視覺印象的影響。

1795 年左右，女子的服飾像古希臘、古羅馬服裝一樣，腰線很高直至胸部下方，並用腰帶在乳房下面繫住。緊身胸衣去掉了，裙撐、裙墊全部消失，衣裙在臀下自然下垂，呈現 H 形輪廓線。衣料只用非常簡單的白色或一些其他素淨的顏色。扁平的拖鞋、便鞋取代了高跟鞋，使身體像古時候一樣再次支撐在整個腳上（圖 8-8），且裸露手臂再次流行了一段時間。這時的衣裙有的是胸衣和裙子分開裁縫，分開裁縫的衣裙一般是有泡泡袖。這個時期是歐洲服裝自中世紀以來，手臂肌膚暴露最多的時代。

圖 8-8　女子服飾像古希臘與古羅馬服裝，衣料簡單，平底鞋取代高跟鞋。

從歷史的文獻資料中我們了解到，女子由於身著衣服過少，身體露在外的部位增多，難免受嚴寒之苦，結果由時髦引發疾病的現象頗多，這些都是在新古典主義鼎盛時期出現。追求流行往往讓人們忽略自己身體所受到的損害，對於那些模仿希臘服裝的婦女來說，印度女式長圍巾的作用是不能輕視的，它使女子的形象更加古典化，同時也避免了衣衫過於單薄帶來的寒冷。

## 二、頭飾與鞋飾

新古典主義時期女子的髮式多爲向上梳在腦後繫紮，一般不戴帽子，在需戴帽子時也與前期有所不同，帽緣常向下彎，帽上的飾品也比前期少（圖 8-7～8-8）。婦女的著裝不僅髮式、衣裙追求古典式樣，鞋子也同樣追求古典風格，去掉洛可可風格時期的高跟改爲平底鞋，採用細帶捆在腳和腿上的皮帶涼鞋。

# 第四節　帝政時期的服飾

1789 年法國資產階級革命勝利後，1804 年拿破崙稱帝。拿破崙爲了加強中央集權，對內實行共和制，對外實行帝國擴張，由於拿破崙以古羅馬皇帝作爲他的仿傚對象，在文化上提倡古典藝術的全盤再現，形成崇尚古典風，導致社會上的文藝復興風。此外，拿破崙始終懷抱神格化帝王的夢想，憧憬著光彩奪目的宮廷生活，提倡華麗的服飾。這樣便能使新古典主義風格的服飾和法國大革命前的宮廷服飾得以共同存在。我們把這一時期稱爲帝政時期。由於帝政時期的法國社會大眾仍時尚簡單而具機能性的服裝，再加上當時英國的新古典主義服飾對整個歐洲影響很大，因故，帝政時期的服飾從總體看仍屬於新古典主義時期的一部分。

## 一、男裝

拿破崙提倡傳統的華麗服飾，一方面爲了扶持法國紡織工業的發展，另一方面也是爲了提高宮廷的威望。宮廷裡的服飾基本上仍是 18 世紀中期服飾的風格，繡花絲綢上衣，不論在設計規模上或耗費上，都體現出虛飾奢華的特點。拿破崙在加冕典禮上穿的繡金白色緞料禮服，更是當時虛飾奢華服裝的樣板（圖 8-9）。

拿破崙提倡的宮廷男服又回到過去那種裝飾豪華、色彩艷麗多變的樣貌，一幅宮廷貴族豪門的舊有外觀，上衣多爲小立領、前襟、下襬和袖口布滿華麗的花飾，衣服布料多由高級綢緞製成，包括內衣的背心、襯衣也都有許多邊飾，襯衣的袖口又出現較長的皺褶裝飾。戴假髮、撲髮粉、灑香水的風氣又在當時的上層社會出現，而下身多穿繡花的半截褲以及長長的襪子，這種形象與路易十五、路易十六時代同出一轍。

圖 8-9　拿破崙在加冕典禮上穿的繡金白色緞料禮服，更是當時虛飾奢華服裝的樣板。

但是從整個服裝發展趨勢來看，男子服裝除了拿破崙宮廷樣式之外，普通的男子服裝不再像過去那樣富麗豪華，拿破崙提倡回歸到過去時代的豪華樣式，並沒有動搖自 18 世紀工業革命以來男子服裝發展的總趨勢。自英國男服率先擺脫法國宮廷樣式的矯飾造作和繁瑣華麗以來，男子服裝朝向重新尋找新式男性風貌的方向，並堅定邁向男性質樸、精鍊、威嚴與瀟洒的形象前進（圖 8-10）。

在英國，男子服裝衣料工精質優，裁剪技術純熟，修飾考究，顯得斯文端莊，絲毫沒有帝政式的奢華。因此在男子服裝史中這段時間是最值得稱道的時期之一。

雙排釦上衣常常很瘦小，幾乎難以釦上衣釦，上衣正面仍帶有下襬，下襬從腰部呈弧形向後下方彎曲，越往下時衣尾越窄，到最後垂至膝關節處。這種窄窄的衣尾，後來被人們稱作「燕尾」。雖然衣尾演變成燕尾是一個漸變過程，但此時的衣尾已同 18 世紀初期那種向外張開的褶狀樣式截然不同了，此時男裝外衣向著日後的禮服外衣又邁進了一步。

在男裝從多飾華麗向簡潔素樸的過渡之中，背心與領飾仍保持著舊有華麗，成爲歷史前後銜接的明顯中介。白色高領背心一直流行到 19 世紀初，在這段時間的末期，背心的領子因上衣領子變低而隨之降低（圖 8-10）。

圖 8-10　拿破崙時期男裝，結合新古典主義風格的服飾與 18 世紀中期宮廷服飾的風格。

圖 8-11　帝政時期男女服裝，男性褲管長至踝部，褲子通常緊而貼身。

除領巾裝飾前胸外，襯衣前開口處的雙褶邊和胸飾依然存在，只是不像 18 世紀那樣鑲有花邊。襯衣的領子極高，緊托著下頦。領帶繞了兩周，厚厚地圍在脖子上。男子服裝的一個明顯變化是褲管已加長至小腿；到了 1800 年，褲管長至踝部。在 19 世紀最初三十多年間，褲子通常是緊而貼身的，因此只能用富有彈性的針織材料或柔軟的皮革製作（圖 8-11），到了 1815 年，又出現了一種較爲寬鬆的褲子，褲管下端的帶子從靴底下穿過，褲子前面只有一處開口（圖 8-12）。

這一時期靴子仍深爲人們所喜愛。當時的靴子大致有三種：一種是靴子的靴口呈心狀，飾有纓穗；第二種是靴子的靴筒比第一種高些，靴口後緣凹下形成缺口（圖 8-13）；第三種是靴口用輕而薄的皮革製成，並向下返折，如圖 8-12 左邊男鞋。第三種靴子自始至終是 19 世紀騎手們所喜愛的馬靴（圖 8-21）。

帝政時期的男子髮式可以是多樣貌的，也有看似精心梳理但卻顯得隨意的捲髮。在本世紀開始的十年裡，留長至下巴的鬢角成爲此時期男子頭部修飾的典型特徵。

這一時期男子的帽式通常爲黑色或深灰色的高筒大禮帽。但在日常生活中或在正式場合，仍然有人戴三角帽或雙角帽。

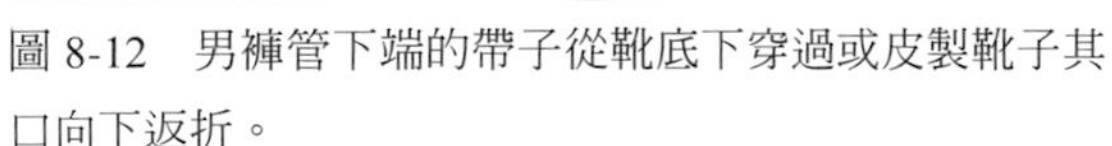

圖 8-12　男褲管下端的帶子從靴底下穿過或皮製靴子其口向下返折。

圖 8-13　靴口後緣凹下。

## 二、女裝

帝政時期的女裝與男裝相比，展現出更多的時代特徵，同時也更多地反映了古典風格，拿破崙對古羅馬的崇拜也主要反映在當時的女裝上。當然，無論復古或任何傳統的延伸都不會是單純的沿襲以往的歷史，它必然帶有新時代的特徵。西洋服裝的發展進入 18 世紀末以後直至今日，時常出現歷史風格的輪迴，這種輪迴不是簡單的重複歷史，每一次輪迴都帶有新的歷史氣息，新的內涵。

帝政時期的女裝是新古典主義女裝式樣的延續和發展，在保留了主體風格的基礎上融入了許多新的內容，主要表現在 1800 年前後，人們開始厭倦了單色的長裙，改用不同的衣料、不同的顏色且有一定的對比性或呈現出簡單與素雅的雙重裙，並把前、中，或後身敞開露出內裙。外裙不僅在顏色和材料上與內裙有所區別，而且裙襬較長，與胸部連在一起，採用強調胸高的高腰身、瓜形的短泡芙袖，這種泡芙袖也被稱作帝政泡芙。方形領口開得很大、很低。

這個時期女裝最具特色的是流行重疊的效果，主要反映在多層次重疊的領飾，節節繫紮的藕節袖和多層重疊的裙子下襬，或層層內外裙交錯展露，或在外裙下

圖 8-14　層疊的裝飾是帝政時期女裝不同於古典和新古典主義時期女裝的主要特徵。

圖 8-15　層疊的裝飾是帝政時期女裝不同於古典和新古典主義時期女裝的主要特徵。

襬處層層重疊的花邊裝飾。這種在服裝上大面積的呈現樸素、輕柔與淡雅的特色，局部採用層層重疊裝飾，形成了很好的對比烘托效果，這是帝政時期女裝不同於古典主義和新古典主義時期女裝的主要特徵（圖 8-14）。

## (一) 衣裝

這一時期的裙子有更大變化，最大的特徵是裙子底邊鑲了更多的裝飾，裙襬逐漸擴大，裙子前面十分平順光滑。同時，裙子的邊縫向下斜插，這就使裙子的外形由管狀變成了不太明顯的圓錐形（圖 8-14）。邊飾多樣繁雜，實在數不清。大多數裙子都齊到腳踝骨或更低一些。裙子的腰身仍很高，直至乳房之下，也有一些裙子的腰身開始下移，但仍在高腰的位置（圖 8-15）。

女子緊身胸衣在 19 世紀初仍未使用，不僅如此，女子衣服中穿內衣的數量很少。例如，記載某女士有 600 件衣物，其中貼身的內衣僅有 12 件。在帝政風格的後期，緊身胸衣又有回流的趨勢，但與洛可可時期的胸衣相比有明顯的不同，一是相對以往寬鬆了一些但仍是束身的；二是取消了鯨魚鬚，只用多層布縫合在一起，雖然仍很硬，但較以往卻明顯變軟了。

帝政風格的時期，婦女披戴印度大圍巾以取代希臘長外衣。由於與印度文化交流貿易往來頻繁的緣故，披東方式的大圍巾成爲一種時尚，圍巾的四周鑲有細邊和橫貫圍巾的長飾邊（圖 8-15）。也有人披戴四周鑲有流蘇的圍巾。稍小一點的圍巾大小與女子披肩相同，這種圍巾選用較爲柔軟的開西米爾羊毛，上面繡有顏色不同的絲線圖案。

19 世紀的前十年，短上衣開始流行，這種上衣種類較多，有清晨、散步和乘車穿的以及傍晚、舞會和宮廷穿的，其樣式都不相同，其中家中穿的和舞會上穿的緊身衣最具特色。家庭緊身衣上端一直齊到頸部，舞會緊身衣幾乎「把胸部、後背和雙肩都暴露在外」（圖 8-16）。天氣稍冷時，婦女都穿流行的英國式騎裝外衣，騎裝外衣從肩部垂到腳面，上面有長袖和罩領，剪裁製作得非常合體，實際上是一種合體的衣連裙款式。短上衣和長外衣在 19 世紀的頭二十年十分流行，而且要比圍巾更受歡迎。短上衣既顯示了當時所流行的高腰身，同時又讓穿著薄衣料的時髦女子減少受寒之苦。故而，短上衣的重要性是不可言喻的。短外衣的腰圍向下降低，顯示了 19 世紀 20 年代短上衣的風格。

帝政時期的女裝作爲新古典主義風格的延續，在款式上，尤其是輪廓線沒有明顯的變化，白色仍然

圖 8-16　19 世紀的前十年，短上衣開始流行，且種類較多，穿著時常因時間場合而異。

是女子最喜歡的顏色，同時也是正式場合穿著的顏色，玫瑰紅、淺粉色、琥珀色、橙菊色、海綠色、櫻草色、淡紫色、天藍色、灰綠色和淺黃褐色也很盛行。

### (二)頭飾

由於此時期的衣服較為簡樸，人們除了對領飾、裙襬裝飾比較注重外，就是表現對髮型和帽式的偏愛。在髮式上女士們更喜愛髮捲的裝飾性，因此假髮很流行。與 18 世紀不同的，是婦女們也同男子一樣不再往頭上撲髮粉。在這一時期帽子十分流行，帽式也較多，除麥桿帽、頭巾帽和無緣帽外，還有諸多的帽式（圖 8-17）。由於這些帽式十分可愛，所以一直流行到 19 世紀中期。當時的頭巾是採用錦緞、條紋薄紗和天鵝絨等布料製成，再飾以羽毛。後來緣帽流行起來，「緣帽」是倍受婦女喜愛與讚譽的發明。它不但能夠遮擋強光，同時從裝飾的角度看，讓女子的頭部帶來了橫向的弧形裝飾線。帽緣上五彩繽紛的裝飾物被三條弧線分割後，絲毫不減她們面部的清秀。當時緣帽上佈滿縐褶裝飾，並插滿了羽飾物。

圖 8-17　女子帽式。

### (三)鞋

帝政時期的女子鞋飾向著更加實用的方向發展。此時，高跟鞋不見了，取而代之的是平底鞋，鞋面上的裝飾刺繡有逐漸減少的情形，鞋頭多為尖形。拖鞋與便鞋只在家中才穿，鞋一般用鞋帶繫紮，鞋帶多在鞋子的表面上。

### （四）配飾

手套在 19 世紀 20 年代的配飾中占有著重要地位，這種裝扮既不像洛可可時期那樣瑣碎，又能烘托出女子的高貴，在 19 世紀的大部分時間裡，婦女除了吃飯時脫下手套外，其他時間全部戴著手套。在西方手套的製作工藝歷史悠久，而帝政時期手套的剪裁工藝和縫製技術，更是令人讚嘆。

小傘也是當時女子常用的配飾，這種配飾一經使用就十分流行，並流行和影響了整個十九世紀（圖 8-14、8-16）。與手套、小傘相比，金、銀首飾卻顯得黯然無光，這個時期女子較少佩戴珠寶首飾。

### 問答題

1. 新古典主義的藝術風格是什麼？請簡要說明之。
2. 新古典主義的男裝特點有那些？
3. 新古典主義的女裝特點有那些？
4. 帝政時期的男裝特點是什麼，請文字說明。
5. 帝政時期的女裝特點為何，並繪圖加以說明。
6. 男女髮式的特點，請以文字概述。

# 第九章
# 19世紀的歐洲服飾

歐洲資本主義自 19 世紀起，到了全面發展的時期。從社會體制到經濟狀況，從生產方式、科學技術到價值觀念，都有了明顯的進步。隨著這一切的轉變，人們的穿著觀念開始發生變化，過去所追求的種種豪華矯飾的宮廷時尚與風格，正悄悄消逝進而讓位給追求實用、自由和機能化的裝扮。

# 第一節　時代背景

始於 18 世紀 60 年代的歐洲工業革命，在 19 世紀結出更加豐碩的果實。自然科學領域的成果促進了工業的發展，整個 19 世紀可以說是科技進步與工業革命的時代。傳統的手工業技術式生產方式迅速被大規模機械化的生產所取代。

科技發展，工業進步，不僅間接地促進了服裝業的發展，而且直接地改變與服裝相關的事物發展。1790 年法國有九百架珍妮紡機，到了 1805 年增加到一萬二千五百架。1814 年法國十五家工廠使用蒸汽機，其中以紡織業最爲普遍。毛、棉織品生產技術的進步，使得布的生產量大大增加，價格成本的下降，使人們購買衣服更加便利，也讓服裝業能迅速發展。19 世紀的 1856 年英國的帕肯（William Henry Parkin,1838 到 1907 年）發現了化學染料阿尼林（ANILINE），1884 年法國的查爾東耐發明了人造纖維。

19 世紀初，縫紉機的雛形就已出現，至 19 世紀後半期縫紉機的工作原理已與今日相差無幾，縫紉機的使用大大促進了服裝業的發展。雖然 18 世紀末服裝生產仍是手工生產，但到了 19 世紀，美國已經出現了專售成衣的服裝店，裁縫師們在剩餘時間中額外生產一些服裝，然後在櫃台上出售。著名的布魯克斯（Brooks）兩兄弟的服裝店開辦於 1818 年。到了 1825 年，許多成衣商開始出售服裝廠所生產的服裝，服裝的批量生產必然要求標準化，美國的巴塔利克（Butterick）於 1863 年開始出售紙版，這種用來裁剪衣服的樣版，是後來規格化與標準化成衣業的基礎和源頭。

這個時期促進服裝發展的另外一件大事是，1858 年英國青年查爾斯．夫萊戴里克．沃斯（Charles Frederick Worth 於 1825 ～ 1895 年）在巴黎開設了以貴夫人爲對象的高級時裝店，從此在時裝界樹立起了引導流行的始業。服裝流行的速度在加快，人們對服裝的流行更加關注，18 世紀末，英國出現了有關服飾的出版物，19 世紀中期，服裝雜誌在歐美已經十分普遍了，這一切都在推動和加速服裝的發展，服裝在人們心目中的地位，也較以往具有更加重要的地位。

19 世紀初，男裝的服裝樣式方面產生了巨大的變化，一改以往複雜的宮廷樣式，新興階級的常規禮服和日常服，基本模式得以確立，使男裝一直依照此一模式進行變化發展，並在往後的變化不是很大。相反的女裝在 19 世紀初的變化不大，繼續延續著上個世紀末的新古典主義風格。但在日後每一次社會的大變動和文化潮流變遷下，都給女裝帶來巨大的變化，可以說 19 世紀是女裝的天下，以致英文 Modern 一詞在語意演變中已具有女裝這一特有的含意。

19 世紀以前，社會上流階層的人士穿著紅、綠、金色的絲絨綢緞所製作的衣服，而一般百姓穿藍布外套，戴平頂便帽。到了 19 世紀，所發生的變化是呈現：賣水果的小販可能穿得很鮮艷，帶著紅領帶，用閃亮的領帶別針打扮自己，而社會上流階層人士卻可能只穿黑與灰等色彩沈穩的細絨呢或典雅的粗花呢服裝。

男裝以長褲代替了 18 世紀的齊膝短褲，並一直保持到今天。18 世紀男服上有繡花，而在 19 世紀男服上沒有了繡花服飾，但使用比較多的格子布料，尤其是褲子的製作。一些富貴人家，愛讓男佣穿 18 世紀繡花老式服裝，而主人穿色彩沈著的衣服。

女服繼 18 世紀後期古樸的古希臘羅馬服裝後，逐步發展爲複雜的形式，並在歐洲服裝史上第三次出現了裙撐，頭飾很高，但沒有 18 世紀那麼極端。裙撐、裙墊輪流使用，後期更出現了燈籠褲。

而 19 世紀下半葉，毛衣問世了，因爲體育運動的發展對服裝影響很大，服裝邁向便於運動的方面發展，男服在這方面發展得較女服快。隨著服裝演變的速度加快，以往歷史階段的服飾樣式在 19 世紀都有不同程度的回潮。但這一切不是簡單的重現，而是在新的歷史條件下，以往傳統服飾藉由新時代的審美觀和價值觀重新詮釋的借鏡。

我們把 19 世紀的服裝劃分爲幾個歷史時期：(1) 帝政時期（由於更多的延續了新古典主義的風格，故把它納入上一章的內容）；(2) 浪漫主義時期；(3) 新洛可可時期；(4) 十九世紀後期。

# 第二節　浪漫主義風格時期的服飾

## 一、文化背景

19 世紀歐洲一系列的社會變革是以法國爲先驅，同時最具代表性的精神文化和藝術風格也是以法國爲中心的。自啓蒙運動以來，資產階級與市民階級進行了一連串的改革，在結果上有勝利也有挫折，但每一次勝利和失敗都是階段性的將人們的思想和對社會結構與體制的認識向前推進。這中間包括 1789 年法國大革命的勝利、1799 年到 1804 年的三執政官政府時代、1804 年拿破崙稱帝。拿破崙帝國覆滅後，一直到 1830 年法國的七月革命這段時間內，以法國爲首，歐洲所有國家的反動勢力捲土重來，權力重新回到舊貴族手中。但反動的政治並未能阻擋以工商業爲中心的資本主義的發展，1830 年的七月革命用暴力推翻了復辟的波旁王朝，政權落到資產階級自由派手裡，資產階級君主制在法國確立。

這些政治上的變化和思想上的解放都對當時文化藝術產生了深刻的影響。藝術上的浪漫主義運動，是在資產階級獲得政權以後產生的。從政治上來說，是由於藝術家對大資產階級統治的失望、對當時的社會制度不滿所引起的。從藝術上而言，則是對古典主義學院派發動的第一次革命運動。這一運動早在 18 世紀末期就露出了徵兆，正式形成則是 19 世紀的 20 年代，至於 30 ～ 40 年代是其最爲流行的時代。

浪漫主義者的思想基礎是追求自由、平等、博愛和個性的解放。往往是單純地追求個性，追求幻想的美，進而導致了唯美主義和形式主義的發展。浪漫主義既然是以反對古典主義的姿態出現的，因此兩者的藝術特徵就有了鮮明的對比。古典主義著重於理性的描寫和類型化的表現，遵循古典的法規與嚴峻的形式，而浪漫主義則是重感情的傳達，個性化的描寫，喜歡熱烈而奔放的性情抒發。

由於人們反對古典主義和合理主義，逃避現實，憧憬富有詩意的空想境界。女性服裝充滿幻想色彩的典雅氣氛；男裝造形也出現明顯的改觀。其特點是男女裝再次出現強調曲線的收腰輪廓線，緊身胸衣再次回頭，女裝加大袖根和裙襬，形成明顯的 X 型輪廓線，服裝的色彩淡雅，髮型變化亦很豐富，越梳越高。

## 二、男子服飾

圖 9-1　強調腰部曲線的男套裝。

浪漫主義時期的男裝相較於帝政時期並沒有太大的變化，主要是以三件式套裝、高筒禮帽和手杖構成整體形象，所不同的是此時的著裝與新古典主義時期所強調的直線型相反，更加重視曲線的效果，強調寬肩、寬胸、細的收腰造型爲外觀，衣裝仍以素色、簡潔爲主，但更加重視內外衣、上下裝的對比效果，領飾、領巾更受重視。讓男裝在簡潔之中增加了幾分華麗的效果（圖 9-1）。

男裝基本上仍以襯衫、西服背心、禮服式上衣爲上裝，下裝則多爲長褲。因受同期浪漫主義女裝的影響，男裝也流行起收細腰身肩部聳起，整個造型裝腔作勢，神氣十足。領片翻折止於腰節處，後面的燕尾有時長及膝窩，有時短至膝部稍上（圖 9-1）。肩部、胸部則分別向外擴張、墊肩使肩部顯得很寬，袖山處也蓬鼓起來，至於強調細細的腰身，整體輪廓呈倒三角形，爲了使自己的身體適合這種細腰身的洗練造型，男士們也開始使用緊身胸衣來整形，半截褲仍爲宮廷成員所穿用，初期採用復古的樣式，但明顯地增加了華麗的程度，呢絨料的立領外衣上帶有精緻的刺繡，這種外衣與緊身半截褲相搭配，是當時舊貴族以及迷戀貴族生活的人們的主要禮服。

在服裝色調上，多使用較深的單色，上衣的領子上多附有光澤亮麗的天鵝絨。西服背心則用較華麗的絲綢、天鵝絨、燈心絨等製成，顏色也比較明快，用以與外衣的素雅之色相對比。背心的前襟部位往往帶有醒目的金屬鈕釦，背心的變化成爲當時男裝流行的主要的變化之處，其速度甚至超過女裝的變化，達到以月計算的速度並不亞於今天的流行變化。

迪歐賽伯爵的著裝形象，對 19 世紀 30 ～ 40 年代的男裝時尚有著一定的影響。他在服裝努力的延續著布魯梅爾（註一）開創的時尚之風，服裝各部位的線條既和諧悅目又優美動人。禮服大衣與燕尾服同樣流行於日常服裝，在 19 世紀的 20 年代的多數時間裡，燕尾服在各種外衣中占主導地位，成爲男子的一般常服。

領巾一直是浪漫主義時代男子們注重禮節、修飾儀表時的重要服飾品。當時曾出版領巾繫法的著裝指南，書中描述了 32 種繫法，由此可見當時人們對領巾的

自工業革命以來，面對日趨單調的男裝，18 世紀末期至 19 世紀的英國掀起一股時髦風（Dandyism），這位始作俑者就是聞名倫敦社交界的布魯梅爾（Beau Brummell，1778-1840）。他出身於牛津大學，畢業後跟許多上流社會的貴族過從甚密，他以平民的身分，破格擔任皇家衛隊第十騎兵團團長。他在軍隊服役多年，退伍時則官拜上尉。當時他獲得三萬英鎊的遺產，加上又是英王喬治四世的親密好友，因此成爲社交界的寵兒。上流人士一旦舉辦舞會，必定邀請他出席，要是他缺席的話，整場盛會必定黯然無光。不過他沉溺於賭博，以致負債五萬鎊，最後逃到法國的加萊（Calais），流亡到加萊期間，依然活躍於當地的社交圈，但其規模和倫敦相比，顯然是無法相比，在他鬱悶的晚年中，最後客死異鄉。布魯梅爾一生毀譽參半，但他所提倡的男性美學則發揮一股影響力，平時身穿鹿皮緊身褲，雙腳套著長筒馬鞋，手持拐杖，頭頂著高山帽，白襯衫還繫著一條絲巾，顯然這種打扮就是所謂的時髦兒，或是瀟灑男（Dandy）。

其實時髦人士是由英國的俱樂部文化所發展出來的，18 世紀許多英國的咖啡廳相繼關閉，因爲內部經常發生打架和賭博。此後，很多老百姓改在家裏會客，同時享受下午茶，而上流人士則在俱樂部集會結社。在俱樂部內部，一群男人具有特定的興趣、思想、生活品味享受優雅的社交，至於內部的空間完全排除女人，如此一來，從俱樂部孕育出來的時髦人士無疑迷戀自身所展現的男性美。平時他們和女人的交往，並非沉溺愛情遊戲，而是以純友情和知性的對話爲主，固然他們的魅力也吸引許多社交圈得名女人，但還是維持一定的距離。

就文化史的角度而言，布魯梅爾的穿衣美學是屬於從貴族社會到平民時代的一個過渡期。回顧宮廷主導時尚，例如法國國王路易十四的時代，男性美學到達巔峰，王宮貴族個個插金戴銀，頭頂假髮，腳上還套起高跟鞋。到了 18 世紀，布魯梅爾拋掉多餘的裝飾，衣飾的色澤以深藍色和黑色爲主調。他不但對於服飾有高度品味，而且對於酒和煙草也有過人的鑑賞力。每到倫敦某一家服裝店，該店的知名度馬上提高，接著許多顧客也會蜂擁而至。而店家爲了招徠顧客，更會在門口的看板寫上「布魯梅爾指定店」。有趣的是，許多親朋好友會經常到他家去拜訪，目的就是要向他討教「穿衣的哲學」。

這股時尚潮流一擴散，更影響到對岸的法國作家和一些沒落貴族，例如小說家巴爾札克（Balzac）、福樓拜（Flaubert）、詩人波特萊爾（Baudelaire）以及孟德斯鳩伯爵（Le comte Robert de Montesquiou）等人的穿著。到了 19 世紀末，英國作家王爾德（Oscar Wilde）也大力宣揚這套時髦美學。顯然，布魯梅爾的品味爲男性文化注入一股活力，但到了 20 世紀時，男裝欲振乏力。幸好到了世紀末的 90 年代，許多服裝設計師極力爲男性服飾打開一條路，例如，法國的高蒂耶、比利時的 Dries Van Noten 和 Martin Margiela、英國的保羅 · 史密斯等人。

重視。同時我們也看到領巾這樣的帶狀飾物，由穿著者自己來裝扮，創造出許多豐富的不同造型，由此不難看出人們在裝扮之中求新求異的審美心理。領巾的布料色彩比較樸素，以白色、黑色爲多，有的是經過僵硬處理的印度細棉布，有的是東方式的絲綢。

這一時期男子的帽式一直以小緣高筒禮帽爲主，其特點是直筒平頂，與領巾、手杖配合成爲男子的主要飾物（圖 9-2）。

進入 19 世紀 40 年代，男裝出現了明顯的變化，上衣不再有過於明顯的細腰曲線，腰線下降下襬加長，出現了方肩箱型大衣。大衣翻領的止點下移到腰部，衣襟的下襬長至膝部。它去掉了一般大衣所共有的累贅裙式下襬，變成短而齊平

圖 9-2　浪漫主義時期的領巾與帽式。

的衣襬，不但穿著行動方便，製作上也簡便多了。它的造型顯得甚爲寬鬆，不再收腰，棱角分明，適切的體現了布魯梅爾所提倡的穿著理念（圖 9-3）。

19 世紀 40 年代中期，男裝在已趨於簡潔的基礎上，再一次向更精緻洗練的樣式演變，可以明顯地看出近代男裝的端倪（圖 9-4）。外套的高領已變成像現在的西服領一樣的翻領，長褲有寬褲腿和錐形褲兩種，1848 年後，出現了今天西服上衣的前身——無尾短夾克，於是燕尾服這種過去的日常服從此被作爲禮服使用。背心去掉了花色和衣領，襯衣也從 1840 年左右起，開始流行無裝飾而實用的簡潔造型，高高豎起的領子翻折下來，形成了現在的襯衫領的造型特點。至此男子的三件式套裝得以確立，並一直影響到今日。這種整體服裝的面貌顯示出，自法國大革命以來人們所追求的民主與平等的意識，同時也明顯地表現了新的審美意識。

隨著服裝的改變，領巾也退出了歷史舞台，取而代之的是領帶和領結的出現，實際上這是領巾的簡化形式。領帶和領結與男裝的三件式套裝相搭配更顯得精神奕奕。從此以後，男裝的基本造型相對穩定了下來，但在局部的細節變化上仍是悄悄的在進行著，人們更加注重男裝的布料、輔料、裁剪、加工技藝和精湛的裝飾物。

圖 9-3　圖爲布魯梅爾所提倡的穿著理念。

圖 9-4　圖中的男裝已顯示出近代男裝的前身。

## 三、女子服飾

在男裝日益合身與機能化、平等化的同時，浪漫主義時期的女裝卻日趨誇張和奢華。如果說男裝已具備了近代的總體樣貌的話，那麼女裝才更典型的體現出浪漫主義服裝的特點。19 世紀 20 年代後，女性服裝又出現了 X 型輪廓。高腰的裝束不再流行，腰線逐步下降，到了 30 年代已恢復到自然的位置，緊身胸衣更爲時尚，女子腰部再度被收得很細，袖子根部極度放大，裙子也向外擴展開來，服裝布料和裝飾也再次奢華起來。

隨著歐洲工業革命的普及，富裕起來的資產階級與中資階級的社會地位大爲提高，市民階層迅速壯大，由於人數的眾多，這一階層形成在社會上頗具實力的龐大消費層，再加上時裝雜誌在歐洲的普及，使服裝的流行趨勢愈來愈快，也更廣與遙遠的傳播到歐洲各地，其影響大大超過以往在消費者之間的信息傳達。另外，蒸汽機在輪船、火車上的應用，使交通便利於以往，這一切使歐洲的服裝產生了以下重大的變化：

⑴改變了過去流行主要來自宮廷的狀況，取而代之的是名演員、社會名流的著裝對流行引起了更爲重要的作用。

⑵促進了服裝流行速度的加快，使以往流行信息的傳播來源，朝向多方來源和管道的方向發展。

⑶使整個西歐流行趨勢邁進同步一體。

⑷時裝雜誌發生了引導消費的作用，同時又對流行起著推波助瀾的作用。

### (一)衣裝

19 世紀的婦女爲了達到收細腰身的目的，緊身胸衣是必然的約束物。但此時的緊身胸衣和以往不同，去除了鯨鬚或金屬絲，並向下延長和加寬，在胸部和胯部增加了襠布，以此再增加這兩處的圍度，使緊身胸衣既展現女子優美的曲線，又十分合身。極端時期腰部雖收得很緊，但比起文藝復興和洛可可時期來講，相對舒適了一些，而胸衣一般多在背部開口繫紮，如果前開多用掛勾釦合（圖 9-5）。

圖 9-5　浪漫主義時期的緊身胸衣。

這一時期的袖型最具特色，顯示著浪漫主義時期女裝的明顯特點，也是形成 X 輪廓的主要原因之一。向高向外加大的袖形使袖子根部膨起很大，甚至使上袖有橫向的感覺。這種袖形與收緊變細的腰部形成了鮮明的對比。上部誇張、腰身縮減構成了 X 型的上半部（圖 9-6）。爲了使肩袖向外擴張，使用了文藝術興時期男子曾在肩部使用的塡充物，甚至使用鯨鬚、金屬絲做撐架。19 世紀 30 年代後這種袖型逐漸縮小，40 年代後恢復正常，並受英國流行風潮的影響，時尚細長的袖子（圖 9-7）。

圖 9-7　袖型逐漸縮小在 40 年代後受英國流行風潮的影響，時尚細長的袖子。

圖 9-6　上部誇張、腰身縮減構成了 X 型的輪廓。

上衣的領型在這個時期有兩種相反的形態：一種是高領口，另一種是大膽的低領口。高領口上常有褶飾，有時還採用16世紀的拉夫（Ruff）領，也有像荷蘭風時代的大披肩領一樣，重疊了好幾層披肩領；低領口上常加了很大的翻領或重疊數層的飛邊和蕾絲邊飾，這兩種領型有時也組合起來使用（圖9-6）。在領型和袖型的搭配上，一般是高領口與半腿袖組合（圖9-4），挖低的大袒領與橫拋的袖子組合後，形成明顯的橫向線（圖9-6）。

裙子此時明顯膨大，有A字型和鐘型兩種。誇大膨起的裙子與同時收緊的腰部形成對比，構成了X形的下半部。裙子下部的膨起，在前期往往是採用在內部穿著多條襯裙達成的，到了後期則是靠裙撐來支撐，或使用裙墊使裙子在胯部橫向展開。

此時的裙裝是集不同歷史的風格於一身，再進行新的組合搭配的產物。如裙子呈A形，使用裙撐、外著罩裙，前面有A形的敞口、露出裡面的內裙，帶有明顯的文藝復興時期的西班牙風格，或是裙體上部簡潔自然，體現了新古典主義風韻；裙體下襬有多層疊飾，再現了帝政時期的特色；而裙墊的使用反映了洛可可時期的嬌柔（圖9-6爲無裙撐的裙式，圖9-7爲有裙撐的裙式）。這種組合與重構，不但繼承了傳統又創造出新意，經常被後人仿傚。

### (二)頭飾

19世紀20年代初期，女子髮式多採中分髮式，髮捲從頭頂垂下，懸在兩鬢上。到了1828年後，新奇特異且與眾不同的髮型和頭部裝飾成了婦女熱衷的時尚，並且髮型越梳越高，這些髮型中，一般有人工支撐物和髮釵一類首飾支撐固定。

19世紀30年代末，頭髮分左右從中部梳到耳朵前面，然後繞過耳朵在後頸部位紮住。有時腦前部的頭髮梳成辮子，垂到耳朵下方（圖9-6）。

19世紀20年代，帽緣開始向上抬起，帽頂前傾；寬大的緣帽仍是人們注目的焦點，並且帽緣上的裝飾越來越多。至40年代大帽緣縮小到適當的比例，緣帽的帽頂變得平坦，帽上的鑲邊與支撐緊緊相連，緣帽上都繫有在下頦處打結的彩帶（圖9-7）。

### （三）腳部

由於此時的裙長大多至腳踝部位，所以女子的鞋多半會暴露於外。鞋型多爲尖頭無跟或矮跟鞋，由於女子在浪漫主義時期流行騎馬兜風，所以長筒馬靴也是上流社會女子必備的行頭（圖 9-8）。

### （四）配飾

浪漫主義風格時期女子的配飾較多，人們的目標不再是宮廷裡、沙龍中的室內女性形象，而是更爲追求戶外的形象和裝束，所以帽式、圍巾、面紗、披風、手筒、手套、雨傘都是她們常用的配飾。在搭配上有時用一、兩件，有時則是四、五件一齊使用，形成另一種別具特色的風貌（圖 9-6 ～ 9-7）。

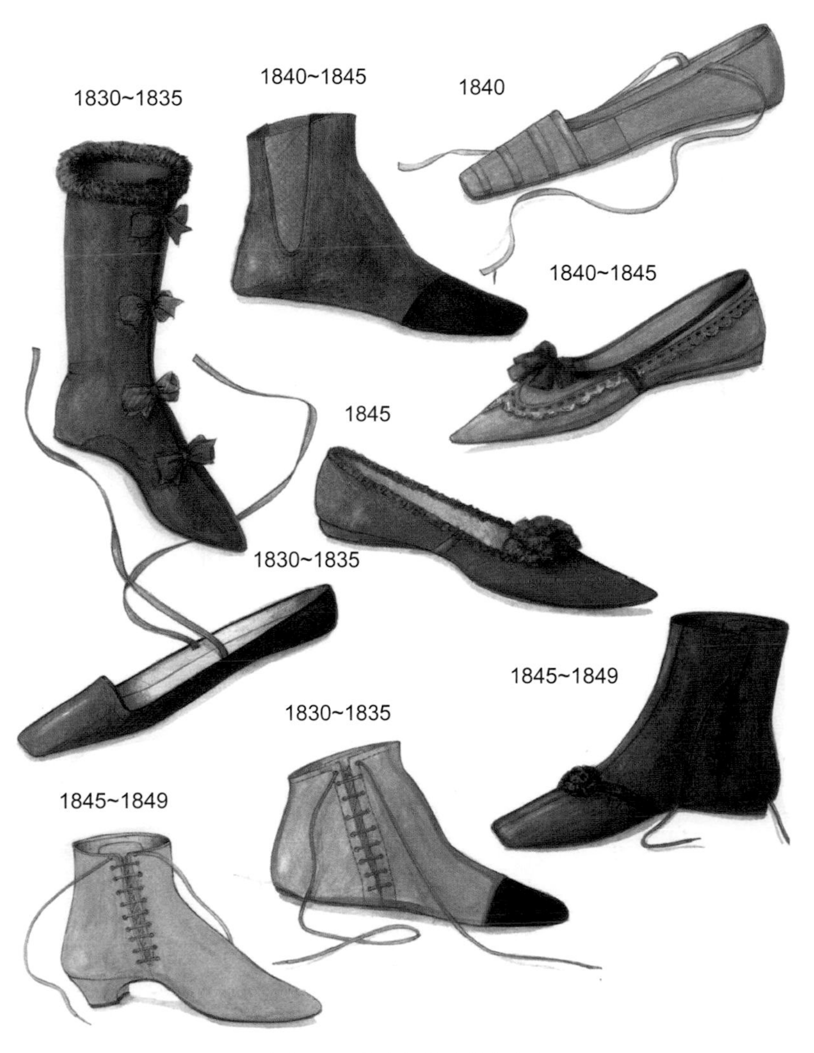


圖 9-8　浪漫主義時期的女鞋。

# 第三節　新洛可可主義時期的服飾

## 一、文化背景

1853 年，路易・拿破崙三世與西班牙的尤金尼婭・達・摩提鳩結婚。這一結合爲服裝新時尚帶來了全新的面貌。尤金尼婭女王以其美麗的容貌，翩翩的風度，嫵媚的體態贏得了許多追隨者，她的裝束對該時期的服裝樣式產生了巨大的影響。女子們追隨仿傚的目標再次由社會名流和演藝界名星移至宮廷和貴族，形成了新洛可可主義的服飾風格。

英國工業革命此時取得了輝煌成果。1851 年 5 月 1 日，維多利亞女王主持了倫敦萬國博覽會開幕式。這個博覽會展出了一萬三千件至一萬四千件工業產品，包括汽錘、水壓機、工作母機、鐵路設備、望遠鏡、照相機、各種花色的紡織品等。19 世紀 50 年代和 60 年代，資本主義在法國也得到迅速的發展，完成工業革命的二十年間其工業生產幾乎增長了兩倍。1867 年巴黎的博覽會標示著法國工業在世界上的先進地位。

在工業革命期間，不僅機械生產大有代替手工藝的趨勢，而且數以萬計新產品的出現爲人們提供了大量的物質財富和生活便利。但與此同時，工業化的產品在此階段顯得過於簡單粗糙和功能化，藝術與趣味幾乎蕩然無存。在這種背景下，英國首先掀起了工藝美術運動。以英國詩人、文藝批評家拉斯金（John Ruskin）以及工藝美術家莫里斯（William Morris）等人爲代表的傳統派認爲，眞正的藝術品是美觀而實用的。他們從審美上反對工業化時代機械生產以及其造型樣式，號召設計師把生活用品的藝術設計與其功能聯繫起來，因此，引導了人們對工業產品設計的重現，進而推動了工業產品的藝術設計這個新生事物的蓬勃發展。但這場設計運動尚屬發展的早期階段，只能以追懷歷史的樣式爲主，在否定機械化粗糙的樣式前提下，運用花草紋樣等自然物裝飾，呈現富有生機和運動感，變化豐富的曲線紋樣，這又顯然與過去的巴洛克、洛可可的曲線風格有不可分割的聯繫。日後，法國的革新派設計師們更喜好使產品的形式與工業化、機械化的特徵緊密結合起來。他們的革新則主要表現在對工業化時代新材質的普遍應用上（如建築上使用金屬構架、鋼筋混凝土和大面積的玻璃），但其裝飾的趣味仍然有些拘泥在洛可可的曲線風格，所呈現的外觀仍是強烈裝飾性的豐富曲線紋樣。這些都促成了新洛可可風格的興起。

此時，對服裝日後發展最具影響的莫過於縫紉機的發明和使用。1846年伊萊亞斯‧豪（Elias Howe）爲自己發明的縫紉機申請了專利。1855年縫紉機趨於完善，而且能夠批量生產，投入市場，縫紉機的發明在服裝史上具有劃時代的意義，具體表現在如下幾個方面：

⑴促進服裝成衣化的發展，使服裝成爲產品且進入商業流通。

⑵在解放生產力的同時將婦女從家庭勞動的一部分中解放出來，對19世紀末20世紀初的歐洲女權運動起了一定的促進作用。

⑶促使服裝流行周期縮短，加快了服飾演變的頻率。

新洛可可主義時期的服飾特點，男女裝向著兩個截然不同的方向發展。男裝向著更加簡潔和更富機能化的方向發展，並確立了不同時間、地點、場合的穿著模式。而女裝則是眞正新洛可可主義的代表，不僅繼承了巴洛克和洛可可的追求曲線和裝飾，而且向著放棄功能和一味追求藝術效果的方向發展。不把衣物視爲人體的裝飾，而是視人體爲衣物的支架，任意改變人體的外形，採取撐、緊、紮等不同的造型，使藝術設計完全與功能相悖離，步入爲藝術而藝術的怪異現象。

## 二、男子服飾

男裝在19世紀50年代以前，是一個講究各種褶邊、推崇豐富色彩和精湛裁縫技巧的時期。之後，光彩奪目的顏色僅用於背心和領帶，取而代之的是講究和機能性、運動性、縫製工藝和布料質地的男裝時代。並在穿著衣物的規範上形成了大家共同遵守的程式，也就是按照不同的時間、場合、用途來穿衣，而這種模式一直延用到今天，形成一種慣例。這一時期的男裝由以下的著裝所組成。

### (一)衣裝

#### 1. 大禮服（Frock coat）

大禮服是一種白天穿的禮服，是18世紀初的服裝，當時稱爲沙托的高級大衣，穿在緊身衣（Waist coat）外。這種禮服在19世紀時，仍有很多人穿用著，並演變成前身四粒或六粒釦、長及膝部、有腰線、前門襟爲直襬、翻領的領面部分用同色緞面、衣身布料居多使用黑色禮服呢或粗紡毛織物的形式。這種白天的常服後來變成男子日宴裝的正式禮服（圖9-9），而現在已幾乎絕跡。

圖9-9　大禮服。

**2. 晚禮服（Evening coat）**

晚禮服是我們說的燕尾服（Tail cost 或 Swallow tailed cost）。18 世紀初歐洲的上層社會就有人穿著這類服裝。到了 19 世紀更爲普及，至新洛可可時期時有了基本的定型，其式樣如圖 9-10 所示，領型爲翻領，翻面部分用同色緞面，前片長及腰圍線，前襬成三角形，兩側有飾釦。後片分成兩個燕尾形（燕尾服由此得名），長至膝，用料爲黑色或藏青色駝絲棉，開西米爾或精紡毛織物。這種樣式在現今已很少有人穿著，只有特殊場合、特殊人物（如音樂會中的指揮）才會穿著。

圖 9-10　晚禮服。

**3. 晨禮服（Morning coat）**

晨禮服的式樣像把大禮服的前襟從腰際剪掉了一樣，故又稱剪襬大禮服，也稱剪襬外套。18 至 19 世紀初期是上流社會貴族所穿的運動服。單襟、一粒鈕釦、劍領也有兩粒鈕釦和菱領的，腰部有橫切斷接縫，後片有一直開到腰部的開隙，開隙頂端有兩粒裝飾釦衣長至膝，袖口有四粒裝飾釦。採用的布料一般與晚禮服相同（圖 9-11）。這種式樣來自騎馬服，按照國際正式慣例，這種禮服只能在下午 6 時以前穿著。

圖 9-11　晨禮服。

**4. 單襟夾克（Single jacket：即單排釦西裝或 稱爲西式便裝）**

左右前衣片的覆蓋疊合較淺，通常只有 3 ～ 4cm，腰間無橫接縫，按鈕釦數目分有單鈕、雙鈕、三鈕、四鈕等區別；袖口有三粒釦，單襟夾克穿著用途很廣，用禮服料的可作準禮服，也可作爲公服、旅遊服（圖 9-12）。前片衣襬一般是圓的，但也可以裁成直角。至於領子與口袋、釦子的設計與用料變化則取決於穿著的用途，略加改變便可成爲便裝，也可改爲運動裝。

西服上衣的基本形態有單襟及雙襟兩種（圖 9-13 左圖），兩種形態都可以作準禮服和休閒服穿著。關於西裝的起源，一種說法是從宴禮服經過多次變化而來，另一種說法則是從下層人士的短夾克演變而來。

圖 9-12　單襟夾克。

**5. 晚間準禮服（Mess jacket，音譯：梅斯夾克）**

Mess jacket 直譯爲餐館之意，是英國軍官在熱帶船上享用晚餐、宴會時穿著的服裝。白色的梅斯夾克在 19 世紀出現，是從晚禮服得到靈感，把腰部縫線以下的部分剪掉而成。

**6. 斜肩外套（Raglan coat）**

此爲克里米亞戰爭（1853 ～ 1856 年）時期的英國最高司令官雷根爲幫助士兵抵受嚴寒而設計的服裝，故亦名爲雷根外套。這一種袖子延長至肩部，也就是連肩袖外套，衣長至膝，小翻領，有前門襟（圖 9-13 右）。

圖 9-13　雙襟夾克與斜肩外套。

## 7. 背心（Vest）

背心的種類較多，有領的、無領的、單排釦的、雙排釦的，各有不同用途，一般雙排釦背心多與休閒形外衣相配；V 形領口的單排釦背心多用於晚禮服；有翻領的背心多用於宴禮服。用料一般與上衣相同，但過去那種用豪華布料做背心的習慣仍保留著，只不過在 1855 年以後，背心上華麗的刺繡被格子布料或條紋布料所取代（圖 9-14）。

圖 9-14　男子的背心、褲子、髮（鬍）型與帽式。

### 8. 褲子（Pants）

褲子變成與現代男褲一樣的筒褲，但仍比較窄，褲線還不明顯。19世紀50年代，褲腳處還有套在腳底的踏腳帶。到了60年代，這種踏腳褲只用於正式晚禮服，平時穿的西褲褲長至鞋面，側邊上有條狀裝飾，晚禮服的褲子側邊上是同色緞帶裝飾（圖9-14）。

## (二)頭飾

新洛可可主義時期的男子髮型較短，相反的對於鬢角與鬍鬚卻十分重視，不是留起長長的鬢角，就是留滿落腮鬍，唇上多留八字鬍（圖9-14）。由於頭上抹很多髮油做定形的作用，以至於這一時期客廳的椅背、沙發上都塗抹一些抗髮油的物質，或在沙發上鋪上飾巾。這一時期仍流行戴大禮服，大禮服是尊貴和身分的標誌。前往教堂、訪視親友、看歌劇、參加舞會和處理重要業務時，紳士們總是戴著綢製禮帽。在旅行中紳士們總是要帶一只黃色的小羊皮存帽箱，禮帽可用絲綢，絲絨或布料製作，居多是黑色。此時期是禮帽的帽筒最高的時期，19世紀60年代後出現了圓頂禮帽，同時還有大緣帽、無緣帽、捲邊帽、草帽，氈帽等，如圖9-14所示。

## (三)飾物

繼背心的顏色變暗，所用布料與外衣相同之後，領帶、領結便居男子裝飾的首位，幾乎成爲男子不可缺少的飾物。另外此時出現了眼鏡，儘管只是單片眼鏡。這是一項具有專用功能的物品，當時也成爲紳士們的裝飾之一，再有就是別針、飾釦、錶鏈、戒指（多是金製的）和手杖、手套等。

# 三、女子服飾

一提到新洛可可風格的服飾，主要就是泛指這一時期的女裝。新洛可可風格的出現，是由於女子追求路易十五、路易十六時代的宮廷味道，再加上社會經濟的發展，使當時人們觀念起了很大的變化，尤其是中、上階層的男子，認爲讓妻子和家中的女子參加勞動是丟面子的事，甚至是不道德的。有地位和能力的男子，應該讓妻女待在家裡無所事事。理想的上流女子是纖細並帶點傷愁，面色白皙、小巧玲瓏、文雅可愛、供男性欣賞的洋娃娃，這種女性美的標準，使女裝朝向束縛行動自由的方向發展。

### (一)衣裝

此時女子的緊身上衣有兩種形式，一種是沿襲以往的衣式，小斜肩前面平直，呈三角形與裙相連。而另一種則明顯不同，衣下襬有逐步加長的趨勢，有時可達膝部，成爲一種長外套上衣。女用繡花短上衣成了時髦的服裝，之後又出現了種類齊全的滾邊和皮邊夾克上衣，鑲邊很快便出現在各種服裝上，成爲第二帝國時期服裝的一大特點。

緊身胸衣在此時仍是不可缺少的整形用具，雖然這一時期的服裝腰線有時下移，有時消失，但更多時間裡，還是以收細腰的外型輪廓線爲主，細腰和上衣下裙的對比仍是這一時期的主流。

上衣袖子在此時也有明顯的特點，此時袖肩部位緊小，袖子下端膨大，形成錐狀的寶塔形，它可使整體取得均衡協調，又可以使服裝富於變化。這與前期浪漫主義時期的大袖根、橫展袖完全相反，袖根和肩部的縮小、收緊的效果與下身的寬裙襬相配，形成明顯的A字型輪廓（圖9-15）。袖子也有較短的袖形，通常長至肘部，穿這種袖型的上衣，一般要露出裡面的襯衣衣袖。此時還有一種裸臂的短袖型，甚至取名削袖子，以披肩代替短袖，形成優美的裝飾效果。

圖 9-15　新洛可可風格的服飾。

上衣的領式在此時期有多種樣式流行，有高領、低領、翻領，可謂豐富且多樣貌。但是不論哪種樣式，領口處都飾有滾邊花樣或抽褶裝飾，不然就是刺繡紋樣與垂飾著流蘇的裝飾情形（圖 9-15）。

## (二) 裙子

新洛可可時期的服裝特點主要是裙子的膨起方法不同，由於此時期撐箍裙的使用，大大擴展了裙子的膨起程度。撐箍裙的特點是比過去多層襯墊、粗布墊和漿過的平面布襯裙較為輕巧。新的撐箍裙造成婦女極大的方便。最初的裙撐用藤條或鯨骨製成，後來美國的一種裙撐被普遍接受，它是借用鐘錶發條鋼材，在其上面包纏膠皮製作而成的，呈現出更自然更輕便的結果（圖 9-16）。靠裙撐撐起

圖 9-16　新洛可可時期使用包纏膠皮製作而成的撐箍裙。

的外形流行了一個世紀，人們自然要將它和路易十五、路易十六時期的宮廷服裝樣式相比較。不難看出，宮廷服裝中的許多製作細節又在新洛可可式的服裝上有所反映，歸納起來這個時期的裙子有以下的特點。

圖 9-17　上寬出，下部垂下的鐘型。

1. 撐箍裙有上尖下大的A型（圖9-15中左上女子）和上部寬出下部、自然下垂的鐘型（圖9-17）。撐箍越來越大，下襬直徑與身高等同，甚至有的下襬圓周達9.14m（10碼）之長，撐起的裙襬在其上部分的布料還需打褶，當時貴族婦女的裙襬布料最長可以用到27m（約30多碼）。
2. 裙襬拖地，後裙襬逐漸加長（圖9-18下右第2位女子），最長時可拖至數米長，再加上裙圍寬大，使貴族女子的行走比浪漫主義時期更加困難。即使是寬敞的舞廳和客廳也很容易變得擁擠不堪。撐裙容易著火，使婦女對撐裙的偏愛有所收斂。
3. 追求宮廷風格使裙子上的裝飾明顯增多，繡紋、邊飾、花朵、蝴蝶結綴滿裙體，當時最具特色的是襞褶裝飾（圖9-18下右第1位女子）。裙子表面橫向佈滿一段一段的襞褶裝飾，通常分3段至7段不等。極端者，如用蟬翼紗做的裙子，其上面就有25段襞飾。這些裝飾的色彩多採用裙子的對比色，十分鮮艷奪目。
4. 裙子本身的布料質感和花色的選擇也是講究的。原料常常是按照局部印染法印染或紡織的，選擇的布料種類繁多，如複雜的平紋織物、凸紋織物、條格織物、上等細布、方格花布、法蘭絨、錦緞、波紋布等，如圖9-18所示。

19 世紀 60 年代後，由於人們興趣的轉變，再加上裙子寬大的弊端，裙子膨起的形狀急劇縮小，到了 60 年代後期，撐起的圓型裙轉變爲前面平直後面上翹下拖的式樣，裙子的重點移向身後，表現出下一個時期的特徵，就是對臀部曲線的強調（圖 9-18 下左第一位女子）。

A soft, feminine dress, circa 1868. *Photograph courtesy of Reflections of the Past.*

An 1861 *Englishwoman's Dometic Magazine* fashion plate, featuring an 'invisible' evening gown.

A circa 1867 fashion plate illustrating the new style in evening and visiting attire.

圖 9-18　新洛可可風格的女子服飾。

## (三)頭飾

這一時期髮式上的一大特點是染髮，當然假髮也十分盛行。由於化學染料的發展，女子將自己的頭髮染成各種色彩，爲使頭髮變成所需要的顏色，婦女們將頭髮漂白後染色。當時婦女的髮型，是將頭髮從兩鬢向後梳，爾後用網罩將頭髮裹在裡面。由於人們喜歡較大的髮型，婦女戴假髮也是自然的。此時的髮式多爲中分式，髮式中分後在面部兩側打捲或編辮，使頭部的側面很寬。

與前期和後期的高髮式相比，更強調橫向的走式（圖 9-18）。後期髮式又有向上向後的趨勢，而且髮髻再次流行。新洛可可主義時期由於十分重視髮式，再加上髮色很多，所以此時女子時尚小帽，目的在於露出更多的頭髮。小帽或戴在前部，或頂在頭後，或飾於側面，帽上仍有花飾、帶飾或羽毛飾。

（四）鞋

19 世紀 60 年代後，隨著裙襬有所縮短，鞋子時常會露在外面。這樣鞋的設計就越來越受到人們的重視，鞋後跟也隨之出現了。鞋面繫帶取代了鞋綁繫帶，繫釦鞋隨之亦廣爲流行（圖 9-15）。

# 第四節　19 世紀末的服飾

19 世紀末科技的一切發展和進步都從不同的角度改變著人們的生活方式、審美和價值觀念，服裝也不例外的迎接著一場新的重大變革。工業的發展，生活水準的提高，使人們擁有越來越多的閒暇時間，越來越多人從事體育運動。網球在 19 世紀 7 年代中從法國傳到英國，後來又傳到美洲。1689 年美國開始進行足球比賽，兩個隊都穿著很難辨認的花呢服裝。高爾夫球引起人們的興趣，其中也包括婦女。青年人冒著折斷脖子的危險，騎上前輪高聳的自行車，後來又跨上「安全」自行車。所以 19 世紀末男女服裝都注重適合體育活動的需要，這是服裝向現代化的發展方向。婦女穿上燈籠褲（圖 9-19），這是對一千多年來婦女服裝的一次重大改革。

圖 9-19　19 世紀末婦女穿上燈籠褲。

在 19 世紀的 80 ～ 90 年代這十年裡，體育項目之多給人們深刻的印象。到了 90 年代，人們爲每一項體育活動設計了一種獨特的服裝，不僅包括網球裝、游泳裝、自行車騎裝、還有水球裝、曲棍球裝、棒球裝、田徑裝、划船裝。在今天看來，當時所有這些服裝中，游泳衣最爲精緻。

19 世紀末，女子思想逐漸開放，參加社會活動和生產勞動的意識隨之湧現出來，這是女權運動的前奏，同時也爲女子服裝向開放式、運動式轉變打下了思想基礎和提出功能的要求。女裝繼男裝之後也開始邁出向功能性轉變的步伐，當然這也僅是一個開端，傳統的造型式樣仍然主導著女子服裝。19 世紀中期以後，前幾個世紀的男子服裝中那種炫耀的基本特性消失了，女子服裝色彩豐富，衣料華奢，而男子服裝僅是女子服裝的陪襯，直到今天仍有著如此的情形。

圖 9-20　19 世紀末的前期男子穿有腰身的長大衣。

## 一、男子服飾

這一時期的前期男子穿有腰身的長大衣，顯得十分精明幹練，衣服長度爲身高的 3 / 4 或更長一些，有較寬的翻領，側袋有袋蓋（圖 9-20），中上層社會幾乎每個人都穿大禮服或燕尾服，西服寬鬆下垂並有褶皺沒有腰身，衣服的邊緣裁成圓角或方角，衣服的翻領相當高。

背心做得較大，在頸部露出小的 V 形領口，從 V 形領口可以看見一個寬大的水手式領結，或一個深色絲綢領帶。運動時穿條紋或方格呢背心，襯衣的衣領是各種式樣的，講究穿著的人一件簡單的硬高領襯衣（圖 9-21），給人牧師的感覺；大多數人穿領子端部爲尖狀的襯衣，若同時戴蝴蝶結時，要將蝴蝶結放在尖領下面。襯衣的胸部筆挺，內部裝有假胸，襯衣從背後開口，領口和袖子較硬，除了褲子較瘦外，晚會服裝幾乎與現代人所穿的一樣（圖 9-22）。在 1880 年後出現無尾長禮服，但穿著者不多，時髦的人物穿著白背心，其他人則居多穿著黑色的。

大約 1885 年，運動時穿腰部有腰帶

圖 9-22　男子的晚會服裝已近似現代人的穿著打扮。

圖 9-21　男子的硬高領襯衣。

的男用寬上衣，用蘇格蘭呢製作，前後有兩個箱褶呈垂直向下，使手臂運動自如，外衣上有彎曲的腰帶（圖 9-23 左上第 1 位男子）。

這一時期的後半段，男子仍然以三件式套裝、大衣、長褲爲主，明顯的時代特徵主要反映在大衣、領帶、毛線衫上。大衣的樣式較爲豐富，長短不一、寬窄不等，從總體趨勢來看較以往相對寬鬆。顯示腰身的大衣雖然仍在流行，但箱型寬鬆大衣

圖 9-23　十九世紀末期男、女性的穿著打扮。

才是主流，或將寬鬆的大衣加上腰帶以顯示腰身。還有一種帶大披肩的大衣在此時更爲流行，有繫腰帶與不繫腰帶之分，其長披肩部分長度一般到肘部，甚至手部（圖 9-23 左上第 2 位男子）。

圖 9-24　男士們的領飾、髮型（鬍子）與臉部面貌格外重要。

男裝隨著式樣的簡潔和配色的單一性，領飾顯得格外重要，隨著襯衣領子基本樣式的定形，領巾逐漸消失，取而代之的是領帶和領結。領帶的繫法十分講究，是男子身分和禮節的象徵，同時也是男子可以精心打扮自己的唯一之處（圖 9-24）。此外，羊毛運動衫的出現提供男士們有機會穿著不同色彩的衣服，它夾在白色襯衣和黑色、灰色的外衣中間，給男子服裝帶來了一些活潑的氣息，但其色彩純度仍然是偏低。當時的羊毛衫是爲了適應各種體育運動而產生的，所以沒有開襟，稱爲運動套頭衫。由於時尚，靴子已少有人穿，皮鞋多爲矮跟，除了與禮服配套穿搭的皮鞋較硬外，一般的鞋子相對的較軟，鞋的基本式樣與今日已沒有太大的區別。

男子的帽式與前期沒有太大的變化，所不同的是帽筒高度逐漸下降。另外，男子留長鬢也不再時尚，人們更喜歡把臉刮得乾乾淨淨（圖 9-24）。

## 二、女子服飾

進入 19 世紀末，女裝的演變速度更快，女裝似乎在回顧歷史，不同歷史時期的女裝特點在此時都有不同程度的展現。但由總體來看，此時的女裝受到歐洲工藝美術運動的影響仍是主流，其在服裝上的反映主要表現在更加強調曲線的造型，尤其是側影的曲線，構成完美的 S 形，所以又有人將這一時期稱爲 S 形時代。另外，服裝上的裝飾和豐富的色彩搭配也是必然不可少的，只不過不像洛可可時期那樣繁瑣。由於在美的的前提下相對注重功能，故而緊身胸衣並不堅硬，但腰身還是很細，裙撐直徑較小並逐步消失，取而代之的是裙子向後突出和襯裙襯墊的使用。袖子變化豐富，時窄時寬時無，但總體看以上鬆下緊的泡泡羊腿袖爲多。這一切構成了此時期的女裝特點。

## (一)19世紀70～80年代的女裝

### 1. 上衣

上衣明顯的變化是衣身加長，可說是袍式和衣連裙的形式。但下身仍穿裙子，上衣只是罩於其上，前襟在與裙子重疊部位打開很多，甚至撩起繫在臀後，或是翻起在後身束起，樣子有些像男子的燕尾服，前衣襬最長時可至地面。不論衣襬長短，流行了幾百年的倒三角形尖下襬消失了，大多是平直下襬（圖9-25）。

圖 9-25　十九世紀 70 年代前期的女裝。

領式在這一時期以深開的 V 形領、心型領和小翻領爲多，一字領、弧型領和 U 型領也時常出現。總而言之，這是一個領式變化多且快的時期。

相對前期而言，袖子是比較簡潔、筆挺平滑和合身的，但是爲了與服裝其他部分的裝飾相稱，衣袖也經過了修飾加工。重點在於袖口部位，晨禮服的袖子大都齊到腰部，但特殊場合的衣袖卻要短一些。如果是露出下臂的衣袖，便配戴手筒、手套。

19 世紀 70 ～ 80 年代，女子緊身胸衣的布料較爲柔軟，關鍵部位縫製的很緊密，以此加強布料的強度。胸衣既有 19 世紀早期下部爲尖狀的特點，又有 19 世紀中期下部橫向包住兩胯的特點（圖 9-26）。當時穿著緊身胸衣追求的是凸胸平腹的造型效果。

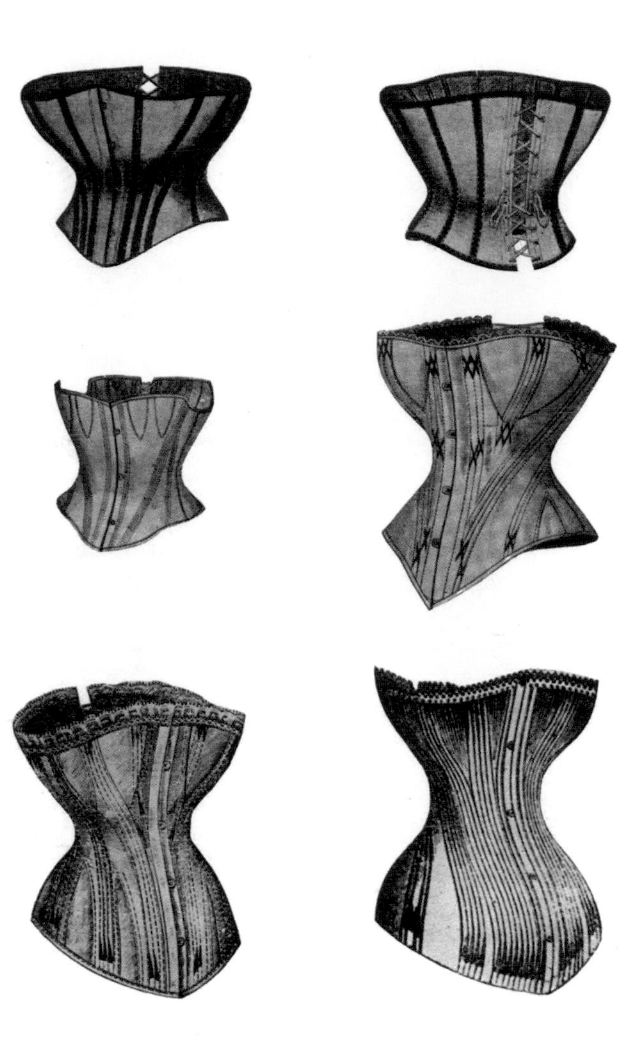

圖 9-26　十九世紀 70 ～ 80 年代女子緊身胸衣。

圖 9-27　在 70 ～ 80 年代，整體造型像魚美人的女裝。

圖 9-28　大量對稱的女裝設計。

**2.** 裙子

從整體造型上來看，裙子多為窄裙，19 世紀 70 年代裙撐消失，穿著修長裙式的女子少了幾分臃腫的華美，顯得多了幾分苗條和秀麗。極端窄瘦的裙式在小腿部位很窄，直徑小於臀圍，整體造型像魚美人，甚至連邁步都很困難（圖 9-27）。80 年代後期，裙襬逐步變大，恢復了三角形裙式。

裙撐雖然消失，卻大量使用裙墊，用以墊高臀部，強調突臀效果，使裙子向後延伸。中上層婦女的後裙襬多為拖地式，裙後下方和拖地部分佈滿花飾或繫紮出花樣變化。裙子上的裝飾再現了服裝設計者嫻熟和精湛的技藝。他們可以得心應手的處理質地不同的衣料。大量對稱的設計使得對比強烈的布料花紋，呈直線、弧線、斜線或波浪線形狀，從腰間垂到裙子的底邊（圖 9-28）。

**3. 頭飾**

19 世紀 70 ～ 80 年代的女子髮式一改前期強調左右橫向梳的特點，多爲向上和向後梳，常在腦後繫紮，然後採行編、辮，亦或是盤成髮髻、自然捲曲下垂（圖 9-29）。髮型向上梳得較高，內有包裹假髻，假髻是包放在頭髮底下的金屬絲籠。帶有假髻的髮型顯得豐厚飽滿，並使頭部有一定增高。

70 ～ 80 年代的緞帶、頭巾都很流行，其繫紮方法因人而異，但共同的特點是多有花邊裝飾或繫出蝴蝶結。已婚婦女戴無邊女帽，帽子一般用花邊、蝴蝶結、緞帶裝飾，並流行戴向上翻的寬邊和矮鐘形帽頂的帽子，還有在帽帶周圍用鴕鳥毛裝飾的做法。此時，女子戴面紗是十分流行的，面紗上多有點狀裝飾。

圖 9-29　在 70 ～ 80 年代髮式多爲向上和後梳，緞帶、頭巾都很流行。

**4. 足部**

女子的鞋在這一時期再次流行高跟鞋、高統鞋，鞋面上多用釦、帶狀蝴蝶結裝飾。在鞋的造型上體現了工藝美術運動實用與簡潔的理念（圖 9-30）。

圖 9-30　19 世紀末鞋子的造型。

## （二）19世紀90年代的女裝

19世紀末女裝的重點從裙子轉到袖子，纖細、緊束的腰圍仍被認爲是完美的造型，裙子上不再鑲有蓬鼓的飾物、垂花裝飾、波浪花邊，熟練的剪裁技巧使裙子平滑地越過臀部斜拖到地面。各種鑲邊依然盛行，鑲邊當中以花邊最爲流行。

### 1. 上衣

19 世紀 90 年代是時尚細腰身的時代，正常人的腰圍是 65cm 左右，在 1890 年要在腰上繫一根長約 50cm 的腰帶，才達到審美的要求。婦女時興穿套裝服飾，一般短外套是素色的，可搭配布料花紋不同的裙子，也可搭配同樣布料的裙子（圖 9-31）。當時最具特色的部位是袖子。1890 年以後袖子很窄，袖肩部形成小的泡泡狀；1892 年的袖子有鬆大呈圓形的褶，尺寸也逐漸變得更大（圖 9-32）；到 1895 ～ 1896 年間，這種袖子的所採用的布料一般達到 2.7m（3 碼），厚布料則需要 2.2m；到了 1897 年，時髦的袖子是小泡泡袖或合身的袖子。寬大的袖子必須要有支撐物，否則就會立不起來。在製作上，一方面在袖子的布料上上漿使其有膨鼓的效果，另一方面加粗布內襯，此外還可以做袖撐，將雙幅粗布剪成月牙形，打褶成扇形再縫到袖筒上；也可以做袖墊，袖墊可以從一件衣服換到另一件衣服上，整個袖子在造型上，上部又寬又高，具有很強的裝飾性，同時配合細腰形成明顯的 V 形。19 世紀的 90 年代，大多數的女子穿高領服裝（圖

圖 9-31　19 世紀 90 年代婦女時興穿套裝服飾。

圖 9-32　在 90 年代袖子又寬又高，且大多數的女子穿高領服裝。

9-32），外衣多爲不同造型的翻領、披肩領，襯衣多爲單立領。領子的裝飾邊變得極窄小。由於袖子很高，所以即使是晚禮服的袒胸領也不像 30 ～ 50 年代那樣的寬且深。愛好運動的婦女和少數的女商人穿翻立領，並帶領帶。

80 年代末期，緊身上衣有所縮短，整個 90 年代的衣長大多到腰部或臀圍線的位置。衣服下襬多爲平直造型，腰間有腰帶裝飾。至於花邊裝飾與刺繡裝飾的情形明顯變小、變少了。上衣更注重造型上的變化，如褶皺的變化和不同材料的變化（圖 9-31 ～ 9-32），明顯呈現著現代服裝和傳統服裝交替的痕跡，這種趨勢一直延續到 1910 年左右。

**2.** 裙子

進入 19 世紀末，裙撐逐步消失，但其形狀仍然是蓬起狀，運用許多三角布的方式使裙子擴展成鐘形，稱爲傘形裙。在這種裙子上，採用一種花邊裝飾，水平方向的鑲在婦女緊身胸衣上（圖 9-33）。19 世紀末裙子不是硬挺的，而是緊貼在臀部上並柔軟地拖到地面。整個 19 世紀末十年及 20 世紀初的前十年，女子要學習提裙的藝術，要做得高雅有風度，以致於在走路時要露出裙子下邊白色的飾邊，而不能露出下面的腳踝。90 年代的裙子使用了鬆緊帶，用以固定褶飾。身側或背部接縫處的線帶設計加以連在一起，用於調節裙子後部寬度，進而保證裙子的前襟光滑平展。

圖 9-33　在 90 年代末婦女緊身胸衣。

**3. 運動服裝**

在 19 世紀 70 年代後，出現了兩種具有嘗試性的服裝，其中一種是運動裝。人們爲發展適合網球、騎馬和游泳時穿著的服裝曾做了不少努力，儘管這些服裝與我們今日的短褲、游泳衣相比要大爲遜色，但與之前的襯墊和裙撐服裝相比，仍是一個進步。巴黎的婦女勇敢地穿起夾克上衣和燈籠褲騎車（圖 9-34），打破了幾千年婦女的傳統著裝。燈籠褲很寬，有現在褲子的兩倍，也比較長。也出現一種底邊寬展的過渡型齊膝短裙。上衣、袖子和腰身也較寬鬆，短裙和無襯墊裙也給穿著者有更多的活動自由，此外人的自然曲線也得以體現。

圖 9-34　婦女穿起夾克上衣和燈籠褲騎車。

**4. 頭飾**

在髮型上，19 世紀的 90 年代與 20 世紀的前期在變化上不是很大，大致上是髮型在高度上比 19 世紀 80 年代有所下降，髮型更加自然，假髮和髮籠也有所減少。頭髮大都梳至腦後盤髻（圖 9-35）。1896 年後有些女子把頭髮做成圓而蓬鬆的捲髮。

圖 9-35　在 19 世紀末，頭髮大都梳至腦後並盤髻。

女子帽式一反80年代的無緣式，多種大緣帽再度出現，帽上的飾物仍是不可缺少的。19世紀80年代高花瓶式的帽子和小巧的緣帽被90年代的平頂寬邊帽所取代。男孩子的帽子是從父輩那裡借鑒而來，反而被母親和姐妹所接受，成爲運動時穿的服裝附屬飾品（圖9-36）。

**5. 足飾**

19世紀90年代的鞋子前面造型呈現長且尖的形狀，運動鞋和時髦鞋樣各走極端。鞋子通常用羊皮、緞子或棉布製作，有便鞋、拖鞋和靴子，各種顏色都有，主要爲黑色、棕色、白色和黃褐色。

圖9-36　在19世紀末與20世紀初女子們的服裝相較之下較適合活動。

## 三、兒童服飾

兒童服飾幾乎和他們父母的一模一樣，只不過縮小一些而已。在他們發育的初期，穿的衣服是具有喜劇色彩的式樣，男孩的服裝看起來更像女裝，沒有天生的男子氣，鵝絨緊口短褲和前面開口繫釦的鵝毛絨外衣，露出白斯綢寬罩衫。領子是飾有花邊的寬領或有褶邊的絲綢領。襯衫在前面有一個垂直的褶邊，上面縫有鈕釦。長筒襪和有玫瑰花結的鞋子相搭配，採用端部有蝴蝶結的彩色飾帶裝飾於前側，女孩的裝束樣式更像她們的母親：花邊帽、羊腿袖、翻領多飾，所不同的是更適合孩子的天性，裙子比她們的長輩更短（圖9-3）。

## 一、問答題

1. 浪漫主義男裝的特點是什麼，請說明。
2. 浪漫主義女裝的特點是什麼，請說明。
3. 新洛可可主義男裝特點有那些，請敘述之。
4. 新洛可可主義女裝特點有那些，請敘述之。
5. 十九世紀後期男裝的特點在那裡，請簡述說明。
6. 十九世紀後期女裝的特點在那裡，請簡述說明。
7. 十九世紀的鞋式與帽式，請以繪圖方式說明之。

## 二、本章要點

十九世紀末社會的發展對服飾的影響。

# 第十章
# 20世紀的歐洲服飾

# 第一節　歷史背景

歷史進入 20 世紀初，歐洲大陸產生了一連串的變革，思想意識、社會形態、經濟、藝術、科技與工業的進一步發展以及戰爭，都給服飾帶來了明顯的影響。從西洋服飾史的角度來說，服裝步入到一個嶄新的時代——現代服飾時代。

## 一、文化思想

在西洋傳統的觀念中，歷來將世界分爲主觀與客觀兩部分，明確地提出主觀爲我，客觀爲物，將主觀與客觀對立起來，並以研究客觀事物、探討自然規律爲主。進入 20 世紀以精神分析學爲主題，開始對人自身和內心的重視和探討。把研究人自身的精神世界和研究客觀外物同等對待，這在西洋思想史、哲學史，尤其是在心理學史和美學史上是一個劃分近代與現代的里程碑。在對人的內心需要與動機的研究中，使人們看清了人類自身的自然本質，使服裝從封建的、傳統的著衣觀中解放出來，尤其是在女裝方面有了前所未有的突破性進展。女子敢於暴露身體，這是新女性的標誌。超短迷你裙和比基尼泳裝出現了，另外，隨著個性解放運動的影響，一些偏執的藝術家和盲目的年輕人無所顧忌，追求新奇，採用奇異的服裝裝扮自己，號稱「現代藝術」，以宣洩他（她）們的心境，達到充分的自我表現。

## 二、女權運動

進入 20 世紀初，歐洲女權運動達到高峰，婦女們走上街頭爭取與男子同等的地位；並要求有參加社會工作的權力，有財產權和選舉權；且要求可以走出房間和家門，並能按照自己的意願選擇職業和生活方式。這些都對當時的女裝設計產生了影響。19 世紀 90 年代，服裝方面已出現了反對過分裝飾、要求簡潔實用的呼聲。20 世紀前 10 年，先進的婦女已開始考慮從舊式服裝的束縛中掙脫出來。這些婦女已明確認識到，舊式服裝是她們走向社會的障礙之一，因此服裝也成爲她們要求改革的內容之一。到了 20 世紀 20 年代，女子服裝突破原有的模式，明顯朝向男裝的樣式靠攏，這一切給女子服裝帶來了巨大的變化，成爲現代女裝的起點，職業婦女服裝從此登上了歷史舞台（圖 10-1）。

圖 10-1　20 世紀女子服裝突破原有的模式成爲現代女裝的起點，職業婦女服裝從此登上了歷史舞台。

## 三、藝術上的新風格

繼工藝美術運動之後，新藝術運動再次起源於英國，並很快普及到歐美。在英國，這種藝術出自接近英國藝術主流的線條主義，以 20 世紀初詩人畫家布萊克的曲線素描爲開端，緊接著是插圖畫家奧布里．比爾茲利的唯美主義和威廉．莫里斯的「工藝美術運動」，這些對線條的追求則反映在服裝與髮式上，如 S 型曲線在女裝上大量運用。

1907 年，德國有一些工藝美術家和工業設計師根據莫里斯的思想，創辦了一個組織，叫「維爾克邦德」，宗旨是改進產品外觀提高工業產品質量，使產品在國際市場上得到暢銷。20 世紀 20 年代前夕，德國建立了包浩斯（Bauhaus，意爲建築之家），由建築師、工程師與藝術家合作進行產品的藝術設計，推廣新工藝，培養專業人員。包浩斯最早的領導者是比利時人——維利杰，後來的領導人物是羅皮烏斯，他要求建築師和設計師熟悉藝術和工藝過程，改變工業設計模式。他認爲，產品的經濟實用與美觀要有機結合，不僅外觀裝飾要美化，而且還要發揮產品的效能；藝術設計要與生產實際相結合。這個藝術設計團體，被稱爲「藝術的布爾什維克」，這些藝術運動可說是現代設計的先軀。

新的藝術風格都在以不同的材料和形式反映和表現人們新的追求和思想內涵。在實用美術方面，設計師們追求的是藝術與生產技術的結合，作品與工業產品的結合，這對當時的服飾設計產了極大的影響。在科學技術的進步和人本主義哲學發展的前提下，第一次世界大戰期間，產生了一個研究工業產品與人體關係的新學科，這就是「人體工程學」，它要求產品更有利於人的衛生、健康和舒適。服裝的性能問題越來越受到廣泛重視，並向著功能性和自然簡潔的形式邁進（圖 10-2）。

圖 10-2　第一次世界大戰期間，產生了一個研究工業產品與人體關係的新學科「人體工程學」。

## 四、東方文化的影響

科學技術與工業的發展使交通、通訊得以快速發展，全球性的交通與通訊變得更加便捷，地球似乎變得越來越小，加上西方殖民主義的擴張把歐洲文明傳遍世界各地，使世界服裝的一體化具備了初步的輪廓。反之西洋服飾史也同樣受著東方服飾文化的影響，尤其受到日本、中國、印度服飾的影響，在服飾上強調線條的感覺，注重輪廓的設計和處理。衣服趨於寬鬆，肩部成為上衣的主要支點，自肩以下成自然下垂狀，以往的細腰裹體形象消失，形成一種自然的穿衣結構。在布料上輕薄飄逸的效果取代了以往的堅硬、厚重、平板和強行改變人體外型的做法。

### 五、世界大戰的影響

1914 ～ 1918 年爆發了第一次世界大戰，戰爭損毀了人們多年創造的物質財富，但從西洋服飾史的角度看，它卻促進了西洋服飾邁向機能性和現代服裝的方向發展，功能性成為服裝的第一需要。尤其在女裝方面，由於戰爭的原因，有勞動力的男子幾乎全都上了前線，後方生產、戰爭供給和傷病護理全落到女子身上。就連在戰後，由於男女比例嚴重失衡，恢復生產、重建家園的重任也由女子扛起其重任，便提供條件給女子們爭取男女平等的社會地位以及從傳統的女子服飾模式中解放出來。這一切不僅使女子澈底去除緊身胸衣，而且在服裝上也除去腰線約束，腰部變得較寬鬆，甚至成箱型輪廓線；出現了外罩、夾克衫等男裝式樣；裙子也不再強調臀部，裙襬明顯提高，服裝上的繁瑣裝飾所剩無幾，這是女裝走向現代化的基礎（圖 10-1 ～ 10-2）。在 20 世紀，服裝的產生和變化隨著人們的生活演變著。隨著工業化的進程，設計師捕捉人們社會、生活、審美的需要進行設計，並對其加以渲染和引導，這一切對服裝流行的影響很大，服裝設計師的地位亦凸顯了出來。

## 第二節　男子服飾

在 20 世紀初，男裝依然保持 19 世紀末形成的規範，很少有明顯的變化，無論在款式的配套、成衣的剪裁方法、尺寸以及穿著的場合、組合方式等方面都具有具體細微而嚴格的規定。相對於 20 世紀女服的變化加快、款式日新月異的趨勢而言，男服的款式可以說是相對穩定不變，其總體造型皆保持著男子固有的方正挺拔與俐落的形象，這也正是男子為自己找到表現他們社會地位及優雅魅力的人格形象的最佳服裝。在以往常規的穿著基礎上男裝增加了一些外套便裝和戶外裝的款式，這些都形成了一定的模式。但領子、衣襬的小變化卻始終沒有放慢其變化的腳步。

## 一、外套大衣

外套大衣在原有的基礎上又增加了一些款式，至於斗篷式外套幾乎消失，形式都趨向簡潔。外套大衣主要更講究實際的功用，並且和男子的西服在結構上有許多相近的地方。另外隨著旅遊和各種運動的興起，各種適應運動的大衣款式豐富起來。

### (一)戰壕式外套（Trench coat）

戰壕式外套有雙門襟附腰帶，領圍是寬大的阿爾斯特領（Ulster），袖爲雷根入袖式，肩有肩章，胸有防風雨之擋布，另有各種金屬品裝飾。

正式的戰壕式外套是用絲光精梳綿紗織成的 BURBURY 布料做的，能擋風遮雨，是第一次世界大戰時英國爲陸軍設計，在戰後作爲一般男士用服而流行，以後成爲男性化的代表性外套（圖 10-3）。

### (二)泰勒式外套（Tielocken）

泰勒式外套（註一）的領子是寬大的阿爾斯特領，雙襟附腰帶，由倫敦的 BURBERRY 公司設計，前襟重疊不用鈕釦。用沒有皮帶的腰帶束綁是該外套的特點。衣長至膝，設計有兩個貼式口袋（圖 10-4）。

圖 10-3　戰壕式外套。

圖 10-4　泰勒式外套。

## （三）粗呢大衣（**Duffel coat**）

粗呢大衣爲單襟或雙襟、附連衣帽、配浮木型鈕釦，是適合運動的大衣。這個名稱是從使用名叫 Duffel 毛毯的材料而命名的（圖 10-5）。

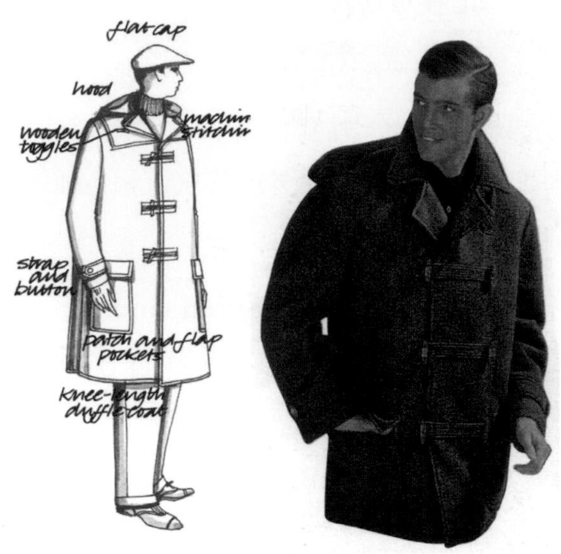


圖 10-5　粗呢大衣。

**註一**

1856 年，21 歲的托馬斯 · 巴伯利在英格蘭漢普郡的貝辛斯托克開了一家叫 BURBERRY 的戶外服飾店。由於經營有方，這家店的生意越來越好。到了 1870 年，BURBERRY 已經成爲當地生產戶外服飾的知名商家，甚至當時一些著名的運動員也是它的常客。

曾經給布料商當學徒的托馬斯 · 巴伯利精明過人，他在 1880 年利用新的織造方法，發明一種防水、透氣、耐磨的斜紋布，並在 1888 年獲得了專利。1891 年，巴伯利在英國首都倫敦的 Haymarket 開了第一家店，現在那裡仍是 BURBERRY 公司的總部所在地。

19 世紀末，BURBERRY 爲軍官設計了一種叫「Tielocken」的風衣，它也是今天著名的 BURBERRY 風衣的雛型。1901 年，BURBERRY 正式受英國軍方委託，爲英國軍官設計新的制服。此時，BURBERRY 著名的「馬背騎士」標識問世，BURBERRY 公司將它註冊爲商標。20 世紀最初的 10 年裡，在 1911 年發生了一件轟動全球的事情，BURBERRY 這個品牌也因此而揚名。這一年，挪威探險家羅阿爾 · 阿蒙森上校率領一組 5 人的小分隊，成功地成爲世界上最早抵達南極點的人，而他們的裝備就是 BURBERRY 品牌的戶外用品和服飾。他在南極點留下了一個 BURBERRY 的斜紋布帳篷，以向後來者證明他完成了這次探險。在阿蒙森到達南極後，愛爾蘭人歐內斯特 · 沙克爾頓決定首先橫穿南極大陸，而他的探險隊使用的也是由 BURBERRY 生產的戶外產品。

第一次世界大戰期間，BURBERRY 繼續爲英國軍隊設計軍服。1924 年，BURBERRY 註冊了它的另一個著名標誌：格子圖案。這種由紅、白、黑、淺棕四色組成的格子圖案，當時被 BURBERRY 用在風衣內襯上，後來幾乎成爲 BURBERRY 的同義詞。1930 年，BURBERRY 還參與了飛行員服飾的設計。

憑著傳統、精湛的設計風格和產品製作，1955 年，BURBERRY 獲得由伊麗莎白女王授予的皇家御用保證（Royal Warrant）徽章。後來在 1989 年，BURBERRY 又獲得了威爾士親王授予的皇家御用保證徽章。1967 年，BURBERRY 開始把它著名的格子圖案用在雨傘、提箱、袋包和圍巾上，愈加彰顯 BURBERRY 產品的特徵。總之，在一些字典裡，Burberry 即是「風衣」的意思。

## (四)箱型帶斗篷大衣（Box over coat）

箱型外套的衣身寬鬆如箱型無束縛感，有單襟、雙襟兩種。從背部看去，由肩而下垂直向下的大衣（圖 10-6）。

## (五)阿爾斯特寬大衣（Ulster coat）

阿爾斯特寬大衣有 6 個鈕釦，前襟覆蓋疊合較深，雙排鈕釦有腰帶。背部多數由肩部開始向內貼，又稱為阿爾斯特大領衣（阿爾斯特是英國愛爾蘭北部的地名）（圖 10-7）。

圖 10-6　箱型帶斗篷大衣。

圖 10-7　阿爾斯特寬大衣。

## （六）衛士型大衣（Guard man coat）

護衛員外套比起普通的雙襟外套而言，衣襬寬大許多。衣領是很大的拿破崙衣領。背部有襞褶，附腰帶（原來是由衛兵穿著延用而來的設計）（圖10-8）。

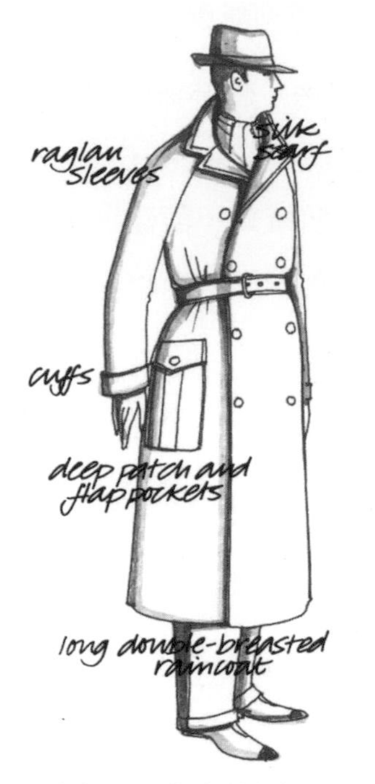

圖 10-8　衛士型大衣。

圖 10-9　裘皮大衣。

## （七）裘皮大衣（Fur lined over coat）

裘皮大衣的內襯布使用灰鼠、貂、兔等小動物的毛皮，表面用質料比較薄的衣料，雙襟。領是絲瓜領，用與內襯布不同的毛皮製成（圖 10-9）。

## （八）軟領長大衣（卻斯特大衣 Chesterfield coat）

卻斯特外套是單襟，前門襟暗蓋前排釦、收腰，兩湊縫處有蓋片式口袋、衣長及膝的高雅外套。衣料以黑色或藏青色無花紋布料爲主。其名稱來自英國宮廷內宮 Chester・field 之名（圖 10-10）。

圖 10-10　軟領長大衣（卻斯特大衣）。

## 二、戶外裝

戶外服是以戶外運動爲目的，且適合戶外活動的非禮儀化服裝。戶外裝也是便服中的一類，20 世紀以後，體育運動越來越深入人們的日常生活，它不僅是運動員的職業裝，也是一般人作爲娛樂和健身的著裝，這是推動戶外服發展的最主要因素。戶外裝不僅包括專門參加體育運動的專業戶外服裝，還有戶外工作服以及戶外防寒服等。

### (一) 觀賽大衣（**Stadium coat**）

觀賽大衣在競技場觀戰時穿著，並作爲防寒用的短外套，使用棉質呢或合成纖維製成。胸前縫有過肩擋布，多數在襯布及領縫處有捲毛或編織物作爲裝飾（圖 10-11）。

### (二) 叢林外套（**Bush coat**）

叢林外套的衣長爲手垂下時指尖到達的長度，附有腰帶，是一種適合運動的外套。兩邊胸前及兩脇處縫有含袋蓋的襞褶貼袋。領及襯布有捲毛，是在森林或野地步行時穿著的粗獷型外套，多使用仿毛棉質呢製成（圖 10-12）。

### (三) 牧場外套（**Ranch coat**）

牧場外套，也稱牧場大衣，衣長爲手垂下時指尖達到的長度。兩脇有貼片擋片，內襯布及領處有羔羊捲毛，是一種防寒用的適合運動的外套，使用仿麂皮或毛皮材料製成，特點是充滿西部牛仔格調（圖 10-13）。

圖 10-11　觀賽大衣。

圖 10-12　叢林外套。

圖 10-13　牧場外套。

## (四) 馬球外套（Polo coat）

馬球外套爲雙襟，有寬大的劍領，外型輪廓如同箱型外套，兩脇有附袋蓋的貼式口袋，背部有半橫擋式腰帶，適合運動。據說馬球外套開始是在參加觀看馬球比賽時穿的（圖 10-14）。

圖 10-14　馬球外套。

## (五) 麥基諾厚呢短大衣（Mackinaw coat）

麥基諾厚呢短大衣是一種雙襟，有腰帶的短外套。領爲絲瓜領或阿爾斯特大領，使用一種名叫麥基諾（美國西北部地名）的大方格條紋，採類似法蘭絨布料製成（圖 10-15）。

## (六) 水手外套（Pea coat）

水手外套是一種雙襟的短外套。使用直徑 40mm 左右的大鈕釦。衣料用海軍藍或黑色麥爾登呢（註二），原先爲英國海軍在甲板上巡邏値班時穿著的外套（圖 10-16）。

圖 10-15　麥基諾厚呢短大衣。

圖 10-16　水手外套。

註二

用粗梳毛紗織製的一種質地緊密具有細密絨面的毛織物。麥爾登呢爲英國所創製，當時的生產中心在列斯特郡的 Melton mowbray，故以地名命名，簡稱 Melton。主要用作大衣、制服等冬季服裝。麥爾登呢居多是染成藏青色和其他深色。

# 第三節　第一次世界大戰前女子服飾

20世紀初，女裝不再流行寬曲線的式樣，而流行細長式樣。衣服是直線型的，但腰部相當高，或是上衣和裙子連在一起的樣式，該時期最長的裙子是落地的，晚會服通常有拖尾，在正式場合或是晚上穿著的服裝，它們的質地柔軟且精緻，穿在緊實的胸衣外面。

式樣簡潔，把服裝分爲上、下裝在當時是很時髦的事，一件寬闊的短罩衫和裙子一起穿搭是白天的流行服裝款式。1911年，領口從原先的將近耳際下降到喉嚨下方。

## 一、上衣

這一時期上衣的主要變化是緊身胸衣的變化。自文藝復興以來，歷時三百多年的緊身胸衣，在爲女子展現性特徵和性魅力方面發揮了重要作用，同時也對女子造成了一定程度的傷害，女子從小就要束腰，造成發育不良和畸型（圖10-17）。如前所述，最細的腰圍僅有33cm（13英吋），可想而知緊身胸衣在生理意義來講是對女子的一種殘害，它影響正常的呼吸，影響消化吸收和供血循環。1870年至20世紀初，現代緊身胸衣的造型和基本形成結構的做法有兩種：一種是爲了突出乳房和渾圓的臀部造型而施加三角型襠布的方法；另一種是通過數片不同形狀的布縱向拼接做成合乎體型起伏的造型。

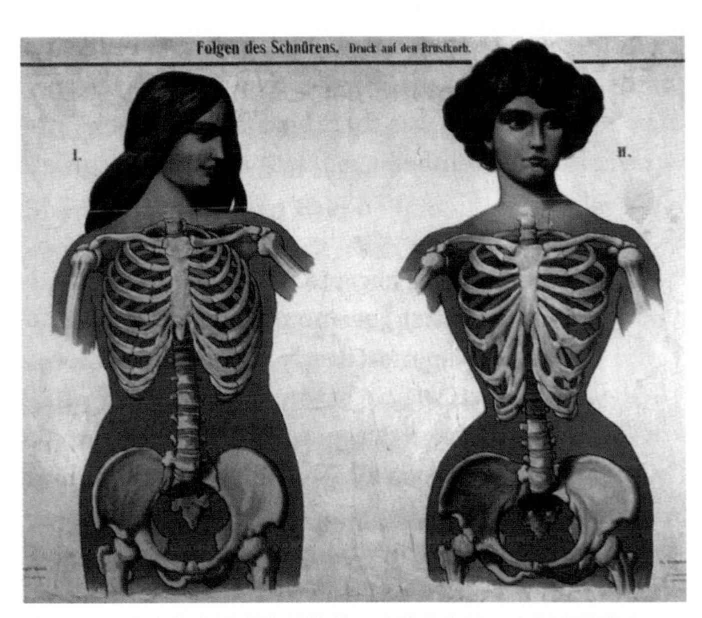

圖10-17　緊身胸衣展現女性特徵，也造成女性一定程度的傷害。

20世紀緊身胸衣的下部越來越長，上部越來越短，終於，胸罩應運而生，用來整型的緊身胸衣從此上下分離，上部用以護胸、突胸，下部負責整理腰、腹、臂（圖 10-18）。其實，胸罩早在注重豐胸的 1880 ～ 1890 年就開始啓用，而與胸衣分開使用，並在女性中達到普及的情形則是在 20 世紀初。一直到現在，它都是女性整理胸部造型不可缺少的衣物。

上衣的變化是人們追求自然、健美的表現，但更主要與直接引起這一串變化的還是女權運動。女權運動不僅使緊身胸衣和裙撐消失，也使上衣有了相應的變化。1907 年以後，S 型裝束 ( 註三 )（圖 10-19）不再流行，取而代之的是筒型裝的流行。雖然這一時期女裝的外形並沒有形成完全的 H 型輪廓線，但相對 S 型時代而言，腰部顯然已放開許多。過分強調腰部曲線的時代已經過去，上衣更具有運動性和舒適性。

圖 10-18　現代緊身胸衣的造型和基本形成結構。

圖 10-19　受新藝術運動風格影響的 S 型服裝輪廓裝束。

**註三**

女子服裝自1895年開始，因爲Art Nouveau（新藝術運動）風格的影響，造成服裝以強調「S型曲線」的外型輪廓線爲主流的「S-bemd」服裝體態美的盛行。這樣的服裝形態讓女子從側面觀看時呈現出「前凸後翹」的S型，同時服裝顯現出充滿柔美華麗的裝飾性風貌。除此之外，高緊的蕾絲領口，膨起的羊腿型袖子並搭配寬大的女帽是其特色。

1908 年婦女的日常服爲上下連身的衣服，三年後，變成一套衣服分成上裝及下裝兩種。裙子的長度縮短，可露出足部。上下連身的衣服有垂直的長箱型褶縫，並用許多小鈕釦裝飾。在頸部呈現小花邊領，袖口有種種變化，常配搭長筒手套（圖 10-20）。此外女子服飾的上、下裝衣服是採用同樣亞麻布剪裁的，不打褶，上衣穿在絲綢製作的白色或淺色寬罩衫外面。

圖 10-20　女子的一套式服裝分成上、下裝兩種。

傳統的細腰服裝仍在穿著，尤其是在晚會上。晚會服裝的式樣有很多花樣，女服的胸部是緊身的並用鯨骨架撐大，在前後均有 V 型開口，而且後面開口比前面深。然後在細腰和胸衣上用花邊裝飾，領端用花邊形成領飾，或採用一圈相當寬的鵝毛絨裝飾（圖 10-19）。

## 二、裙子

此時期有柔軟自然的 A 型裙（圖 10-21）和自然下垂的筒型裙（註四）（圖 10-22）。裙上的裝飾明顯減少，如有裝飾花邊、鑲邊或流蘇，一般集中在衣襬或裙襬底部。

圖 10-21　自然的 A 型裙。

圖 10-22　自然的筒型裙。

**註四**

法國服裝設計師 Paul Poiret（1879 ～ 1944）的設計作品爲當時的時尚帶來衝擊，其服裝表現出異國風格且帶有古希臘羅馬的款式特色，不需穿著束腹，運用兩件式穿搭方式，採用纖麗的色彩展現前衛大膽的另類服裝風貌。

1908 年前，裙子仍是 A 字型的，接著先變成直筒的，後又變成局部窄合的。至於上述式樣的裙子在晚裝的表現上依舊是呈現長至落地的服裝款式。1911 年後，裙子呈直形且不細瘦，布料常用綢緞製造。

在 1912 年巴黎成功的引用了縮短至踝部的裙子。裙子裁成便於行走的式樣。這些裙子在外型上產生一種陀螺型的效果。晚裝與此相似，有時穿一件很寬鬆的束腰長衣在緊身長裙的面外（圖 10-23）。

圖 10-23　裙子裁成便於行走的陀螺型式樣。

## 三、運動裝

此時戶外運動成爲時尚，運動裝也應運而生。女性之間盛行各種體育運動，她們開始穿上各種樣式的運動服，這個新的服裝種類在 20 世紀初愈益發展，大大促進了女裝的現代化過程（圖 10-24）。

圖 10-24　女子泳裝。

## 四、帽子、髮式與鞋子

20世紀初，髮型很多，總括來看有兩大類：一種是強調寬大蓬鬆感（主要靠髮捲實現）的髮型；另一種是貼頭向上梳到後面或繫成髮髻，或是盤頭（圖10-25）。至後期短髮開始時尚，這一切預示著現代髮型時代的到來。

由於服裝變得簡潔、樸素且強調機能性，帽式就顯得格外重要。帽子的式樣較髮式更多（圖10-25）。婦女喜歡戴一種比人的雙肩還寬大的帽子，在頂部將帽子利用金飾與頭髮別住。另一種流行的式樣是一種高而窄的帽子，覆蓋住頭髮，並用一個長羽毛裝飾。大多數婦女帶著面紗，蓋住臉部並與帽子繫在一起；開汽車時，則戴較厚面紗繫於帽子上，防止塵土進入。

圖10-25　女子帽子與髮式。

隨著裙裝的縮短，鞋子也顯得更爲重要，但在色澤上仍以黑色、棕色爲主。從19世紀末到20世紀初，鞋子的製作發展的很快。由於技術的進步，讓鞋子的成品不斷得以改良，各種鞋的尺寸號型齊全，人們可以滿意的選購到合腳的鞋子（圖10-26）。設計大師Paul Poiret不僅把瘦型裙、短裙帶進女裝，而且還把長靴帶入女裝時尚裡，成爲摩登女郎的象徵。短裙或開有高叉的長裙則顯露出了一雙長腿，並穿有細長至膝的高筒靴，是當時新式女性的性感式樣，也是時尚的新趨勢（圖10-27）。

圖10-26　20世紀初男子與女子的鞋帽、髮式與配飾品。

圖 10-27　設計大師 Paul Poiret 將瘦長型裙、短裙及長靴等新設計創新帶入女裝。

### 五、配飾

在配飾方面差不多到戰爭開始，婦女都戴很長的皮披肩以及大而方的皮手套。但還沒有充足財力戴有絨毛的皮毛圍巾。當皮圍巾不再流行時，皮手套也變小了，並有一個毛皮的垂尾，使用兩種大的手提袋，上面有提帶或鏈子，手提袋也許是皮革的，方而扁平，或是鏈型網狀式樣。當然雨傘、項鏈、扇子、手鐲、首飾等也是女子常用的配飾（圖 10-26）。

## 第四節　第一次世界大戰時期和 20 世紀 20 年代女子服飾

### 一、衣裝

希望和男性服裝一致的心理是該時期女裝設計的主要動機。1910 年以後，女裝的樣式發生一改過去的根本性改變，人們。1913 年一位丹麥哥本哈根的記者以波提切利（Botticolli 1445～1510年的義大利畫家）的線條觀念宣告了時代的創新。他認爲應當反對強行收腰的衣服，因爲服裝愈是採用折褶、螺旋型和波紋，則外型的線條就消失得越多，而且認爲這樣更好。最後「無腰身服裝」和合身剪裁得到了流行。受日本服裝和其他服飾的影響比受波蒂薇利模式的影響更強大，從此，這種女裝風格在女裝中占了優勢。爲減去立體性裝飾與花邊裝飾的女裝，取代的是時尚圖案與材料的對比設計（圖 10-28）。

圖 10-28　第一次世界大戰左右，女子的上、下裝服飾款式。

1915 年女裝裙式已縮短到小腿部，成爲廣大婦女願意接受並廣泛穿用的式樣。用小牛皮製成的前面繫帶的高筒靴開始出現。後來戰爭的發展使婦女也被驅往戰場做補充勞力或在後方工廠裡進行生產，使得女性服裝在功能要求方面達到一個新面貌。當婦女服上衣是男性軍用制服的變形，帶有腰帶裙子寬鬆，裙襬高過祼部，無任何修飾。在工廠中的工作服是一種袍式的寬鬆式樣，沒有口袋、束腰。此外這些婦女已開始穿著長褲。戰爭期間的女裝比較隨意寬鬆，較不講究。戰爭中女用軍服的逐漸普及是對女裝的一個重要影響，使得現代女裝的制服，具有男性化的風格取向（圖 10-29）。

戰後，服裝寬鬆並成直筒式，長達腳踝之上。裝飾物並不繫於自然腰部位置，所表示出的腰身部位比眞正的腰線低很多，在整個十年中，腰線位置是在臀部之下，婦女的曲線外型特徵是不被重視的；認爲平胸和窄臀是好看的（圖 10-30）。1924 年裙子開始興起，1926 ～ 1927 年裙擺達到膝部位置（是當時的最高點）。裙子的外型簡單，腰線在臀部，身材一點也不顯豐滿，並且大多數的裝飾均放在裙子下。

有時候女裝的領子會裁剪極低，並將有對比色彩的材料鑲入領子當中。米色是最爲流行的外衣顏色，此時婦女已開始穿有色的內衣褲。外衣時常用毛皮鑲邊，絲圍巾時常在晚上披戴。

圖 10-29　戰爭女用軍服的普及對女裝具有重要影響。

圖 10-30　服裝寬鬆並成直筒式。

圖 10-31 適合身體外型的斜裁女裝。

從 1929 ～ 1930 年服裝式樣變得完全不同成爲曲線形態並有許多裝飾式樣。裙子長及小腿肚之下，衣服裁剪得適合身體的外型，腰身在正確的位置上，肩部寬而方，女子裙子款式經由斜裁布料和使用三角布的手法顯得外型上呈現出苗條修長。此時還流行過分裝飾的領口和修道士的領子，寬大的主教袖子和蓬起的袖子。

在布料中出現了新產品——喬其紗和縐紗，大家都喜歡這種柔軟布料，用它來做折褶外套使女裝顯得更加自然。當時最時髦的女裝是一件很長的上衣，服裝的下部採用布料的斜裁方式，使腹部和腰部變得寬鬆了，附件物很多，如舒適的皮手套、陽傘、肩背袋、扇子和項鍊（圖 10-31）。

## 二、腿和腳部的裝束

由於裙子變短了，長筒襪成爲更重要的組成部分。最優雅而昂貴的是透明的絲襪。當人造絲出現後，買不起眞絲襪的人用它代替棉、萊卡紗線或羊毛做的長筒襪。在戰爭期間，尼龍得到發展並供應軍事使用，因爲尼龍耐穿、透明而且很薄。戰爭期間，在英國這種襪子數量不多，是很昂貴和令人嚮往的。在時髦女子眼裡，一雙尼龍襪勝過一套上等服裝。長筒襪的顏色是棕色或灰褐色的，尼龍襪的整個色調是灰黑和灰白色（圖 10-32）。一般長筒襪編織

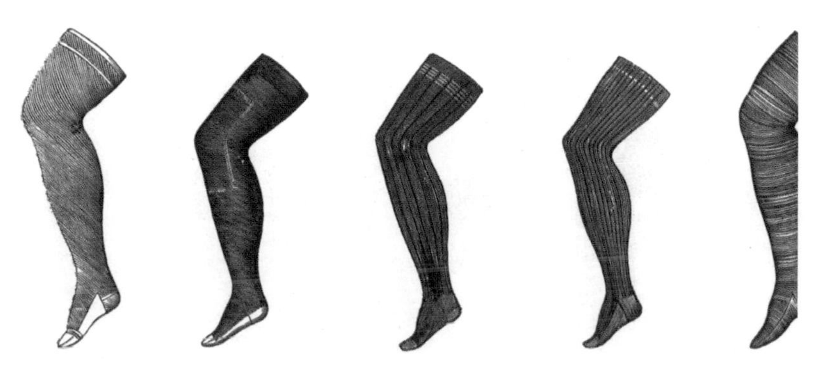

圖 10-32 棉、萊卡紗線或羊毛做的長筒襪。

得好而無皺紋並且腳跟部會有繡花裝飾，而尼龍長筒襪在腳跟部則沒有繡花（圖 10-33）。

此時期的鞋子和長筒襪一樣是服裝的重要內容，從沈重的低跟皮鞋到高跟的宮廷鞋，式樣繁多。穿著使用緞帶或十字型綁帶繫於腳踝位置的探戈舞鞋時，鞋的腳趾地方通常是圓的。鞋後跟做得較高且窄，因而喪失曲線的外觀。最初鞋面形狀相當高，沒有鞋帶，如 T 型帶釦、繫著腳踝位置的鞋帶釦等（圖 10-34），在小女孩中，腳踝位置繫鞋帶是最爲流行的。戰爭開始時，夏天的日間穿用淺鞋底的開口涼鞋。

## 三、頭部裝飾

在 20 世紀出現波浪髮型，婦女的髮型逐漸變短，留短捲髮和依後面的頭型做髮型，最極端的髮型是留一種像男子一樣短的男孩式髮型。將頭髮的長度到耳際，有部分頭髮捲曲而蓬鬆地留在兩頰上，或是將頭髮梳得光滑整齊或梳成捲曲波浪式（圖 10-34）。

由於剪短髮，婦女將帽子緊緊地戴在頭上。帽子幾乎沒有裝飾，通常是無帽緣或很小的帽子，如圓頂窄邊的鐘型女帽。在 20 年代，流行把帽子向下拉戴到眉毛處，甚至在婚禮上作面罩用。十年後帽緣改成在後面翻下來的式樣。帽子作

圖 10-33　尼龍長筒襪。

圖 10-34　20 年代的鞋款與頭部裝飾。

爲裝飾使用在當時是相當時髦的裝扮。在 20 年代，帽子有非常多的式樣（圖 10-30，圖 10-34）。

## 四、化妝與飾物

這時所使用的化妝品是無害的，而且在該時期它已成爲婦女的重要用品，對於趕時髦的人來說，臉部是外表的重要部分。

圖 10-35　20 年代婦女的眉毛常常被修飾，描成另一種型狀。

在 20 世紀 20 年代，寬而方型的臉龐是最時髦，大眼睛和玫瑰花色的嘴是漂亮的，婦女仍在學習良好使用化妝品。20 世紀 20 年代末，眉毛常常被修飾，有時在澈底除去後描成另一種形狀（圖 10-35）。此時有色的指甲油問世，時髦婦女會在手指和腳趾上面塗指甲油。

20 年代中，婦女們常在喉部圍一條長的布圍巾，其末端飄動在背後。長串小珠和長耳環與外型簡單而短的頭髮相配，頭髮上戴有頭帶，有時也將裝飾用的髮夾固定在頭髮上。裸臂造成手鐲的流行，手鐲常戴在肘部之上。穿夜禮服常拿一根大駝鳥羽作扇子用，長煙管嘴在當時也很流行。

## 五、香奈兒服裝

圖 10-36　第一次世界大戰，讓女性普遍穿上男式長褲與工作服。

1920 年代由於第一次世界大戰，讓女性有機會走出家庭，進入社會從事後勤勞動補給生產；或是參與後方社會的服務工作。這使得她們開始拋棄繁複、華麗，而且不方便和機能性差的服飾，並普遍穿上男式長褲與工作服（圖 10-36）。

在戰後，由於有許多女士大量湧入就業市場，而造成職業婦女快速增多。爲了因應職業婦女在工作上的便利性，因此便於活動就成爲女裝款式發展的重點。在另一面，女性生活型態在戰後也出現巨大的變化，女性的活動空間範圍也從家庭延伸至戶外，至使各式戶外不同類別的女裝款式紛紛發展起來。

在1920年代最具代表的女裝設計師，首推法國設計師香奈兒（Coco Chanel —— Gabrielle Chanel，1883～1971年）（圖10-37）。當時有眾多的服裝設計師雲集在巴黎，其中最引人注目與最能反映時代精神的是著名的服裝設計大師香奈兒（Coco Cabrielle Chanel）。

早在第一次世界大戰前，香奈兒就在巴黎開設了一家帽子店，並自行設計帽式。她所設計的小緣圓頂女子帽式呈現十分簡潔明快的品味，這種帽式與當時新款的H型女裝相配，完美地勾畫出新女性的輪廓，因而倍受當時巴黎年輕女子的青睞並迅速影響到整個歐洲，使她的名聲遠揚。戰後她又創辦了「香奈兒時裝店」，同時進入巴黎時裝界。香奈兒能敏感的把握當時的時代精神，大膽地將男子穿著的毛料針織衫，將之與女子的短裙組合，首創了男衣女穿的新女性形象和新的美感形式。同時她創造出了女式夾克、長及小腿中部的短褲以及短裙襬的晚禮服，這些新式女裝無疑是對傳統女裝，尤其是帶有貴族風格女裝的一種背叛。香奈兒不僅設計了這些新型女裝，而且還帶頭穿著自己設計的服裝，成爲自己所設計服裝的展示模特兒與第一消費者。

圖10-37　法國設計師Chanel穿著仿男子的毛料針織衫，攝於1929年。

香奈兒還十分注重服飾的整體裝扮，除了爲她的套裝設計帽子、內外衣和裙子外，還爲自己設計了新髮型，並帶頭用人造寶石代替傳統的珠寶來裝飾自己，創造了完整、具時代感的新女性形象。她所創造的套裝和新女性形象影響了當時整個歐洲，並開創和影響該世紀女性的女裝設計總趨勢。在20世紀的服裝設計大師中，確實沒有其他作品能像她的作品那樣長壽。正是由於這一切，使香奈兒成爲當時法國乃至世界的第一女裝設計大師，她的作品被當時的大多數女子所擁戴並穿用。香奈兒創造了這個時代的風格，諸多的設計師圍繞在她所創立的風格周圍，形成了明顯的流派和設計群體，而香奈兒成爲時尚的領袖人物，人們甚至常把這個時代稱爲香奈兒時代。香奈兒對現代女裝的形成既是奠基者又是推動者，她的設計就是在世紀末的今天看來也不落伍或遜色。

另一方面，由於受到工業革命、啓蒙運動、理性主義、功能主義的影響下，西方世界出現以「現代主義」爲特質的精神，這種精神不僅影響至思想、文化、政治、經濟、社會等各個層面，同時也反映在藝術與設計的範疇之中。在藝術與設計的審美價值，出現追尋純粹和俐落的機械風格、幾何造型風格、抽象風格、功能主義風格。這些風格也顯現在 1920 年代服飾的款式、造型、布花之中。就在現代主義的基礎下，從 1920 年代開始，於歐美地區發展出的——裝飾藝術風格（Art Deco），這種風格並延續至 1930 年代。

回顧 20 年代女性在外觀形象上，以年輕、稚氣、苗條爲主，取代了之前女性單純只以優雅作爲單一正面評價的拘限。淺邊或無沿邊的帽子（Bonnet），是此時代表的帽型（圖 10-38）。而俗稱 Boyish haircut，像男孩的短髮（圖 10-39），取代柔性的長髮成爲主流的髮型。在女裝服飾方面，以平直、簡潔、不強調腰身、長快到膝蓋的洋裝爲主，鞋子以娃娃鞋或瑪莉珍鞋爲代表。

至於在男士服飾方面，最特殊的款式，就要算是源於英國，在 1925 年以後盛行一時俗稱 Oxford bags（牛津袋褲）的寬大褲型（圖 10-39）。此外，男士服裝到了 20 世紀，仍是延續之前趨向固定化、標準化的特質。基本上男士一般正式的服裝，主要是以西裝外套、短背心、襯衫、領帶或領結和西裝褲爲標準的組合。男裝相對於女裝加快的變化，可說是表現穩定而少變化。而男裝所塑造的方正挺拔、威武莊嚴、堅定不移的形象，甚至一直保持至 20 世紀的中期。

圖 10-38　Boyish haircut（像男孩的短髮）是 20 年代的主流髮型，其代表的帽型爲淺邊或無沿邊的帽子。

圖 10-39　Boyish haircut（像男孩的短髮）是 20 年代的主流髮型，其代表的帽型爲淺邊或無沿邊的帽子。

# 第五節　20 世紀 30 ～ 90 年代的服飾表現

## 一、1930 年代

縱觀 30 年代的男子服飾，其外形依舊以挺拔陽剛爲理想的形象。至於男士服裝主要以西裝禮服爲主，表現沈穩的特質（圖 10-40）。但自 20 年代後，漸漸興起一種非正式的時尚服裝風貌。人們不再依據一個人的所穿衣服的規定來劃分他的經濟能力與社會階級。使得任何人都可能在正式場合裡穿著無尾禮服，也同時可能穿著寬鬆的褲子（牛津褲）、套頭衫毛線衣，以及絨面皮革製鞋子，男子的穿著變得普遍化與平民化。在 30 年代時，長褲上便使用拉鏈來取代鈕釦，並且男子泳衣也去除了上半身的衣物（圖 10-41）。

圖 10-40　在 30 年代男士服裝主要以西裝禮服爲主，表現沈穩的特質。

圖 10-41　在 30 年代男子泳衣去除上半身的遮掩布料。

至於女子服飾方面，受美國電影文化工業好萊塢（Hollywood）的影響，女性的形象又產生新的變化，甚至有所謂的「追隨電影而成流行」（Moving with the movies）一說（圖 10-42）。此時以成熟、嫵媚的造型，取代之前 1920 年代的年輕稚氣與帥氣的形象；體態輪廓也以曲線玲瓏有致的流線型（Streamline style），取代之前的直線型。

這個時期最具代表的服裝設計師，首推是義大利籍的女裝設計師蕾莉 ・ 斯基亞帕（Elsa Schiaparelli,1890 ～ 1973 年）（圖 10-43）和法國設計師瑪德蓮恩 ・ 維奧奈特（Madeleine Vionnet）。設計師蕾莉 ・ 斯基亞帕（Elsa Schiaparelli）其最大特色就是將超現實主義（Surrealism）的風格，表現在服裝設計之中，爲服裝發展開創了趣味性的新樣貌。設計師瑪德蓮恩 ・ 維奧奈特（Madeleine Vionnet）則是以斜裁技術與創新和大膽的時尚設計在 20 年代和 30 年代贏得眾人的讚歎。她卓越的禮服

圖 10-42　在 30 年代服裝時尚受美國電影好萊塢影響。

圖 10-43　女裝設計師蕾莉 ・ 斯基亞帕（Elsa Schiaparelli）。

裁剪與處理手法，展現服裝的幾何概念與布料自然垂墜的風格，她的設計即使在今日依然被彰顯著（圖 10-44）。

20 年代末期至 30 年代的經典造型，那時女生的頭髮以中長鬈髮爲主，在額頭及兩側的頭髮有一點指推波浪的感覺，就是有個大的弧度是往外翻，理想的髮長則是剛好及肩或是肩下一點。30 年代髮型的特色有二：（一）是鬈髮的波浪弧度往外翻，在髮尾處有明顯捲翹；（二）是頭髮服貼頭型與臉頰，髮線側分（圖 10-45）。

圖 10-44　Vionnet 的斜裁禮服設計。

圖 10-45　是 30 年代盛行頭髮服貼頭型與臉頰，髮線側分。

## 二、1940 年代

第二次世界大戰（1939 ～ 1945 年）其間，一般人根本無瑕顧及衣著的打扮，服裝所考量的要素僅以實用、方便、耐穿爲主。此時西方女性普遍穿著工作服與制服（圖 10-36），服裝款式相當樸實。由於戰爭物資的缺乏在英國（開始於 1941 年）還出現「配額制」的情形，當時爲了推動戰爭時期的實用性服裝（Utility wartime fashion）。以英國爲例，在 1942 年成立了倫敦時裝設計師聯合協會（Incorporated Society of London Fashion Designers）簡稱（I.S.L.F.D.）的組織來推動「實用服」（Untility clothing」）。

圖 10-46　婦女服飾在 40 年代受軍服影響造成肩膀與袖型呈寬廣和方形輪廓線。

在 40 年代期間由於爭戰使得織品的短缺，婦女的服飾因受軍事衣服款式的影響造成肩膀與袖型呈現寬廣和方形的輪廓線，而且衣服的樣式變得非常的簡單（圖 10-46）。一些婦女甚至運用裝飼料和麵粉材料的大袋子，爲他們自己和孩子做出成套的衣服和裝備。婦女們因爲不能依據每個季節來購買或改換衣服，因此他們必須要讓所穿著的衣服是持久與耐穿的。

此外，在外衣下的婦女服裝，婦女依舊穿著緊身束腰胸衣，而胸罩與束腰衣被設計分離開來（圖 10-47）。婦女在 40 年代崇尚美腿，以購買的起的尼龍絲襪爲時髦。但是因爲絲綢和尼龍的短缺而不能擁有尼龍絲襪的人，便會在腿部以油漆繪畫來代替長襪的穿著（圖 10-48）。

圖 10-47　胸罩與束腰衣分開。

圖 10-48　婦女崇尚美腿。

帽子在40年代顯得造型相當小巧，經常隨著軍事風貌而改變，帽子在戰爭期間是唯一未被要求限量供應或被要求配給制的。一些帽子被製作與服飾搭配形成整套式的華美款式（圖10-49）。當時婦女並穿戴頭巾和圍巾來繫紮他們的頭髮。

當戰爭結束之後，女裝的發展就在慶祝和平與期待復原的新時代氣氛下出現轉變。一種以重建女裝華麗和奢華的「柔美女性化」特質（Feminine），取代戰爭時期流傳的簡單和實用的男子氣概（Masculine）服飾風貌。就在這種時代背景下，造就了法國服裝設計師克麗絲汀・迪奧（Christian Dior）。Dior（迪奧）在1947年2月12日，首次發表個人的服裝秀。在當時他提出以花冠型（Corolla line）爲主題，來表現充滿女性化與強調奢華的款式，於該場服裝秀之後《Harper's Bazaar》流行雜誌的主編Carmel Snow驚嘆的道出：「It's quite a revolution, dear Christian. Your dresses have such a new look」。而緊接《Life》雜誌也以New Look一詞稱呼之。這也促使日後把新風貌（New Look）與迪奧的花冠型設計，畫上等號。

迪奧的New Look所代表的款式（圖10-50），其特徵爲：軟質帽、圓斜肩、強調細腰身、百褶長裙、細跟高跟鞋。這些所表現的柔美女性化與戰爭時期的男性化恰好成爲強烈的對比。當然迪奧在服裝設計方面的成就，不僅是引導女裝恢復華麗、裝飾和女性化的服飾特色；他在每一年也都會定出新穎的主題，推出不同的設計款式。例如，在1953年春夏推出鬱金香型（Tulip line）；又例如，他推

圖10-49　帽子在40年代顯得造型小巧。

圖10-50　迪奧New Look。

出以英文字母來代表輪廓的設計，分別爲 1954 年秋冬的「H line」；1955 年春夏的「A line」；1955 年秋冬的「Y line」（圖 10-51）。

在男裝方面 1940 年代較爲特別的款式，要算在 1942 年流行起 Zoot suit 的男裝款式（圖 10-52），它是受美國黑人爵士樂團的影響所衍生而出的。

圖 10-51　1955 年春夏的「A line」和秋冬的「Y line」。

圖 10-52　Zoot suit（1943）。

## 三、1950年代

受戰後嬰兒潮（Baby born）的影響，西方世界的數十歲青少年（Teen-age）開始成爲重心，因而促使年輕文化（Youth culture）時代的到來。同樣的，年輕人的服飾發展，在戰後也較從前更受到重視。以英國爲例，出現以十多歲爲對象，俗稱泰迪男孩（Teddy Boys）的次文化團體（圖10-53）。從這個群體的服裝款式模式中，不論是髮型、外套上衣、領結、緊身長褲和膠鞋。都讓我們看到青少年他們在穿著行爲上，表現出自我選擇的主張。

圖10-53　泰迪男孩次文化團體。

至於在美國方面，由於芭比娃娃（Barbie doll）的出現（圖10-54），使得美國小女孩透過芭比娃娃學習到服飾流行的概念，這對流行文化向下紮根的發展有著重大的影響。此外，這個時候電影文化繼續影響著流行時尙，而此時期的美國總統夫人也不徨多讓，第一夫人賈桂琳女士的優雅穿著方式成了50年代的時尙偶像。另一方面，電影巨星奧黛麗赫本纖瘦優雅的姿態，更成爲所有人心中有教養好女孩形象表徵。於是所有服裝都必須儘量顯示出淑女紳士的氣質。出門一定要戴帽子、手套以及簡單復古優雅的穿著與成套的皮包飾品，帶點英國皇室與美國上流社會品味風格，這種高級感時尙美到令人留下甜美的回憶。

圖10-54　芭比娃娃。

而電影偶像名星Janas Dern的帶動下，表現的冷酷（Cool）形象，成爲當下年輕人標榜的新榜樣。還有電影名星瑪麗蓮夢露，這位巨星的裝扮造型亦造成當時女性的學習榜樣。至於此時較具代表的女裝款式，則是以襯衫式連裙裝（Shirtwaist）（圖 10-55）和七分褲為主。

圖 10-55　襯衫式連裙裝，戴帽子、手套及簡單復古優雅的穿著。

此外，當時的搖滾樂「Rock and Roll」或「Rock music」一詞還未定形為一類別的文化，它只是被視作一種使人躍然搖滾的節奏形容詞。昔日（約 1953 年）白人鄉村歌謠樂手 Bill Haley（1925 年至 1981 年），受到當時黑人動感、靈騷等的音樂感染，放開他的束縛和牛仔的服飾，與他的樂隊 Bill Haley and his Comes 錄製了一連串帶出（搖滾樂）Rock music 這詞彙的搖滾節拍歌曲。當然，能使「Rock and Roll」進一步成為一種文化，這要歸功生於密西西比黑人音樂懷中的白人歌手貓王（Elvis Presley）（圖 10-56）。他那純厚而感性的嗓子，天真略帶邪惡的微笑臉龐，善扭動的舞姿和舞台的表現，使「搖滾樂」不經意的成為了 50 年代年青人的狂潮。

圖 10-56　貓王。

## 四、1960 年代

60 年代的這個階段在西方被喻為是反文化（Counterculture）的年代。其特質是將年輕文化（Youth culture）、大眾文化（Pop culture）、性自由（Sexual freedom）、女權運動（The movement of womwn's right）四者相互配合。

在 60 年代期間，年輕次文化團體（Cult groups）的發展，依然是十分活潑的進行著。而繼「泰迪男孩」之後，此時緊接出現 Mod boys、Rocker（或稱 Bickers）、嘻痞（Hippies）的代表性年輕次文化。這些自成一格的年輕次文化團體，也分別將他們人生價值理念，表現在他們的服飾之中，即透過服飾的穿著，來象徵他們所處的團體。

圖 10-57　嬉痞服飾代表年輕次文化的服飾造型。

在這些次文化團體的服飾模式當中，可以說各有其特色。不過，其中又以嬉痞（Hippies）（圖 10-57）對西方服飾的發展，帶來最深遠的影響。因爲嬉痞文化中男士以柔性、頹廢的服飾造型，打破自 19 世紀以來，西方傳統男性在服飾形象上以陽剛、英挺爲主的約制，也因此出現顚覆以性別來作爲區分服飾模式的中性服（Unisex dress）款式；以及對象徵物質消費文化的流行提出反抗。

在服飾審美價値方面，由於深受歐普藝術（Op art）（圖 10-58）與普普藝術（Pop art）（圖 10-59）的藝術風格影響，出現趣

圖 10-58　歐普藝術。

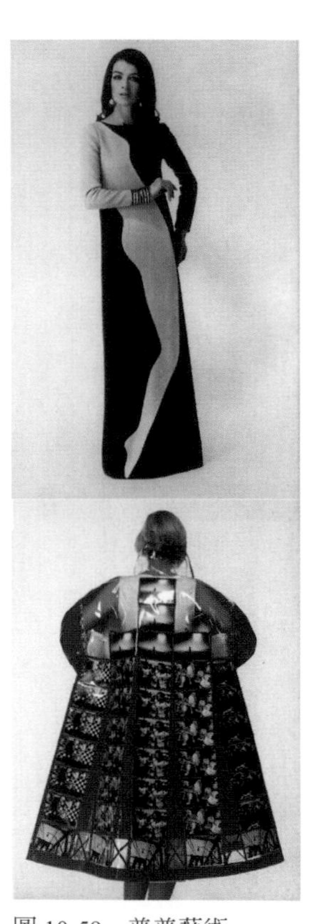

圖 10-59　普普藝術。

味性和年輕化的造型與款式。在這個階段出現了多位年輕的服裝設計師，也爲服裝的發展帶來相當大的衝擊。以下分別介紹在 60 年代最具代表的三位年輕服裝設計師：瑪麗 · 關（Mary Quant）；皮爾 · 卡登（Pierre Cardin）與巴可 · 羅登（Paco Rabanne）。

1. 瑪麗・關（圖10-60之下圖）在1958年首次推出迷你裙（Mini skirt）。這款原專爲少女們設計的大膽短裙款式，不但打破傳統女性服飾上的束縛；塑立起女性追求年輕、活潑、朝氣的意識；也連帶起動校園女孩（School girl）與洋娃娃（Baby doll）的新形象，而英國年輕模特兒端琪（Twiggy），其瘦扁與稚氣的儀態，正好符合這個時代最佳的代表形象。
2. 法國服裝設計師皮爾・卡登（Pierre Cardin），有鑑於人類在1960年代熱衷於對宇宙太空探索的好奇；以及對現代科技的崇拜，特別將此觀念作爲服裝設計表現的主題（圖10-61），推出宇宙太空款式的服裝（Space fashion）與富現代主

圖 10-60　瑪麗 · 關（下圖右）推出「迷你裙」打破傳統，塑立起女性追求年輕、活潑、朝氣的甜美娃娃形象（下圖左）；上圖爲英國流行樂團披頭四。

圖 10-61　設計師皮爾 · 卡登（Pierre Cardin）推出宇宙太空款式的服裝。

義風格的時裝（Modernism style）。除此之外皮爾・卡登（Pierre Cardin）還運用神父的立領造型，打破傳統西方男裝襯衫領打領帶的模式（圖10-62）。

巴可 ・ 羅登在 1966 年四月份，於美國紐約舉行以「巴黎的四月」爲名的服裝發表會。在這場發表會，他推出全部由金屬片所製成的款式，這些由金屬片構成的服飾（以鋁片或鍍了金、銀的塑料片連接組合所構成的各種服飾）還可以隨意拆卸與再重新組裝成不同樣式的時裝。這種概念無疑顛覆了傳統服裝以布料作爲唯一素材的認知，開創服裝的另一種可能型態（圖 10-63）。

另一方面，在 60 年代初期，由美國主導的西方社會其科技不斷進步，戰後校園新一代知識份子誕生，他們有許多人追求博愛和關懷，嚮往平等與自由。諸如美國年青的搖滾詩人 Bob Dylan 手持吉他，頸項掛著口琴，用他那怪異沙啞的嗓子唱出當時年青人的心聲，一曲「The times they are a-changing」宣告新生一代的知識和價值觀正不斷改變，道出了美國年青人對政府、保守主義者、政客甚至成年人之虛僞的不滿。當越戰爆發之後，離家遠征的美國青少年不少都葬身於他國別人的戰事中，於是爲了反

圖 10-62　設計師皮爾 ・ 卡登（Piorre Crdin）推出運用神父的立領造型的男士西服，圖中男子爲披頭四成員。

圖 10-63　設計師巴可 ・ 羅登推出金屬片製成服裝。

戰、爭取自由，各種示威不絕。新一代創作音樂的年青人如吉米漢醉克斯（Jimi Hendrix）寇斯比、史提爾斯、納許與楊（Crosby, Stills, Nash, and Young）瓊妮蜜雪兒（Joni Mitchell）等將此原始的理性怒吼發動爲追求和平與理想的盼望，並透過搖滾的節拍音符附著在歌曲上，遂漸進化形成爲一種狂傲搖滾的音樂文化，一種內外皆不斷滾動反叛的圖騰，同時他們的一舉一動亦深刻的影響著全球青少年的服裝時尚與潮流。

60年代中期，英國流行音樂入侵，披頭四（The Beatles），The Who, The Rolling stones 等以不同的演奏手法（圖 10-60 之上圖），帶來更多的衝擊和創新。越戰期間嘻痞文化和迷幻意識的興盛，造成 1969 年的胡士托音樂節意外地引來連串的大型音樂會，至使大量的年青人濫用藥物、性慾放縱、反憲制怒吼、反資本主義、反物質主義等一切的氾濫，對當時國際與社會文化產生巨大的衝擊並引發流行的改變（圖 10-64）。

總而言之，1960 年代的西方世界，處處充滿著年輕的意識，有人說這是一個屬於年輕人的時代。在當時女性除了以消瘦、骨感、稚氣作爲最佳形象的表現，在服飾方面也以如何能表現出青春洋溢的 The little girl look 爲準則（圖 10-65）。

圖 10-64　當時全球受年輕人喜惡的衝擊造成流行的改變。

圖 10-65　在 60 年代女性以如何能表現出青春洋溢的 The little girl look 爲準則。（圖爲電影巨星奧黛麗赫女士）

## 五、1970 年代

由於 1960 年代後期的中性意識 (Unisex sensibility) 和女性角色轉變 (Change of women's role) 的結合（圖 10-66），促使高級女裝出現帥氣款式的發展表現。例如，女性穿著喇叭褲，並穿著男性化的西裝與套裝款式。這些服飾風貌則是反映出在此一階段的女性有著成熟與幹練的形象表現。70 年代，由於受到越戰發生的影響，使得當時的年輕男女在生活態度上產生極化分裂的態度，流行服飾亦是愈加特立獨行。年輕男女各別裝扮自己，主要依照當時男女的生活面貌來反映出自我風格的形象。此時的女性一改之前年輕可愛的模樣，轉以成熟帥氣的形象爲主（圖 10-67），迷你裙款式的流行風潮逐漸消退，取而代之的是褲裝款式。當時喇叭褲加上有誇張領形的襯衫及外套，這種組合就要算是最時髦的穿法。透過女性輪廓審美價值的轉變，我們看到女性由天真無邪的小女生瞬間長大成人，也看到女性由淘氣頑皮變得穩健而有自信。

另一方面，歐美則出現一些男性熱門樂團，如紐約妞 (The New York Dolls) 和 The Original Kiss 以採女性化的裝扮爲主要訴求；以及英國男性流行歌手大衛鮑伊 (David Bowie) 以雌雄同體的造型作裝扮。此爲日後服裝「性別倒置」的風格提供了基礎。

圖 10-66　在 70 年代裡服飾風貌中的性意識使得當時的年輕男女在服裝打扮時有性別角色轉變的態度。

圖 10-67　在 70 年代裡服飾風貌則是反映出在此一階段的女性有著成熟與幹練的形象表現。

在年輕次文化團體方面，於 1970 年代出現了 Skins 與 Punk 所帶動的馬丁大夫鞋（Dr. Marten boots）或是 Punk 的另類性服裝造型，這些都深刻的顛覆傳統服飾穿著的模式（圖 10-68），成爲日後服裝設計師，作爲表現的一項重要主題。受到美式流行文化的帶動之下，女星法拉佛西（Farrah Fawcett）的髮型（圖 10-69）；男星約翰屈伏塔（John Travolta）所穿著俗稱 Disco dress（呈現外翻式穿法的寬大領子與喇叭褲）（圖 10-70）；以及牛仔褲（Jeans），都成爲 1970 年代國際流行的主流。再者，70 年代，西方服飾流行文化的發展，除了仍由歐美設計師持續擔任主要的領導之外；遠自日本

圖 10-68　受 Skins 與 Punk 所帶動的馬丁大夫鞋或 Punk 風格影響服裝造型呈現顛覆傳統服飾。

圖 10-69　於 70 年代的女星法拉佛西 Farrah Fawcett 的髮型。

圖 10-70　受男星約翰屈伏塔（John Travolta）所穿著的 Disco dress 影響引發翻式寬大領子與喇叭褲的流行風潮。

到歐洲發展的日本籍服裝設計師，也開始逐漸嶄露頭角，甚至成為日後國際流行設計界的要角。例如，三宅一生（Issey Miyake）（圖 10-71）、山本耀司（Yohji Yamamoto）、高田賢三（Takada Kenzo）都是極具代表的設計師。

回溯這個時期迷你裙款式逐漸退出流行，繼而出現嬉皮頹廢風與搖滾 Disco，至使處處可見喇叭褲、熱褲（Hop pant）與高底鞋（Platform shoes）的新流行風潮。最後由於 70 年代末期，來自美國的牛仔褲文化席捲全球（圖 10-72），全球人亦開始放棄拘謹的衣著方式，西裝領帶不再屬於非有不可的衣物，服飾訂製店亦漸漸被成衣店、時裝店及百貨公司所取代。除了牛仔褲外，低腰喇叭褲亦極為流行。

圖 10-71　日本籍服裝設計師三宅一生（Issey Miyake）的設計作品得到國際流行界的推崇。

## 六、1980 年代

80年代初期在女裝上當時的服裝界流行聖羅蘭式（Y.S.L）的女裝原則，多為修身的窄細線條，而服裝設計師喬治 ・ 亞曼尼（Giorgio Armani）（圖 10-73）大膽地將傳統男西服特

圖 10-72　來自美國的牛仔褲文化席捲全球，全球人開始放棄拘謹的衣著方式。

圖 10-73　義大利籍服裝設計師喬治 ・ 亞曼尼（Giorgio Armani）。

點融入女裝設計中，將其身線拓寬，創造出劃時代的圓肩造型，加上無結構的運動衫、寬鬆的便裝褲，給 80 年代的時裝界吹來一股輕鬆自然之風（圖 10-74）。由於這種男裝女用的思想與 20 年代爲簡化女裝作出突出貢獻的設計師香奈兒所提倡的精神有著異曲同工之妙，亞曼尼被稱爲 80 年代的香奈兒。改良後的寬肩女裝深受職業女性的歡迎，而他寬大局部的誇張處理，成爲了整個 80 年代有領上班族群服飾的代表風格。

80 年代中期，雅痞階級出現（圖 10-75 ～ 10-76）。這群薪優年輕城市專業人士，重視生活品味，追求名牌高檔的時裝，使諸多進步國家的首都成爲站在世界前端的「時裝之城」。那時喇叭褲已成歷史陳跡，代之而起的是窄腳「蘿蔔褲」、「燈籠褲」、直身褲及長裙褲。

此時由傳媒影視所塑造出的偶像公眾人物，其穿著成爲全世界大眾學習仿傚的對象。例如英國黛安娜王妃（Princess Diana）或是美國音樂歌手瑪丹娜（Madonna）等，她們的服裝和儀容皆成爲全球仿傚的焦點偶像。

圖 10-74　設計師喬治・亞曼尼的作品。

圖 10-75　80 年代的女性有領階級雅痞族。

圖 10-76　男性有領階級雅痞族。

受「後現代主義」（Post-modern-ism）文化思潮的影響，服裝設計的發展也產生重大的變革。一些過去被視爲是「另類、不合理」的設計概念，也被運用導入至設計之中。而表現出衝突性組合的精神、零亂的不能續接的特性與表現逆向性思考等的特質。後現代的心態使他們具有強烈的自覺性，富有創造力，自嘲並且嘲弄傳統與權威，高級與通俗之間的絕對界線在他們的設計中常常受到挑戰，傳統高級時裝嚴謹莊重的姿態到了這一代設計師的手中勢必會發生極大的轉變。他們對傳統的興趣，對它的利用和顛覆常常是在一種遊戲般的過程中完成。在服裝設計師方面，保羅 ・ 古蒂耶（Jean Paul Gaultier）和薇薇安 ・ 魏斯伍德（Vivienne Westwood），成爲這個時代後期，最具代表性的設計師。保羅 ・ 古蒂耶（Jean Paul Gaultier）他不但帶動男性穿著裙子與內衣外穿（圖 10-77）的潮流；也以怪異而另類的手法來逆轉過去的審美觀。至於英國的服裝設計師薇薇安 ・ 魏斯伍德（Vivienne Westwood），她成功的將「年輕次文化團體的服飾概念」，導入高級流行服裝的主題之中；並藉「組合式的衝突美學」來表現出她的創意（圖 10-78）。

圖 10-77　服裝設計師的作品手稿。

## 七、1990 年代

這個時代受到「多元文化」、「消費文化」、「國際化」、「後現代文化」、「資訊文化」、「環保文化」等多項文化的影響之下，而發展出這個時代的特色。特別值得一提的是，由於網際網路在 1990 年代快速的普及，流行資訊也因而更加迅速地，打破過去流行時差的局限，並以同步即時的姿態，出現在全世界每個角落。新的視覺美學也與

圖 10-78　服裝設計薇薇安 ・ 魏斯伍德（Vivienne Westwood）的作品。

電腦高科技影像的發展息息相關，以至服裝從設計、生產到流通，每個步驟流程的進行，都可透過電腦輔助來完成，同時提高效率（圖 10-79）。

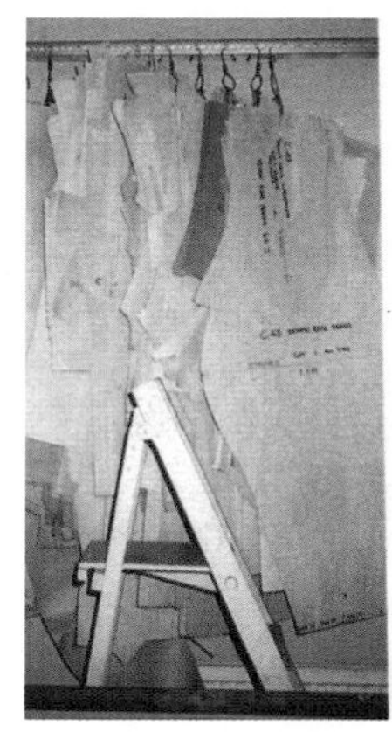
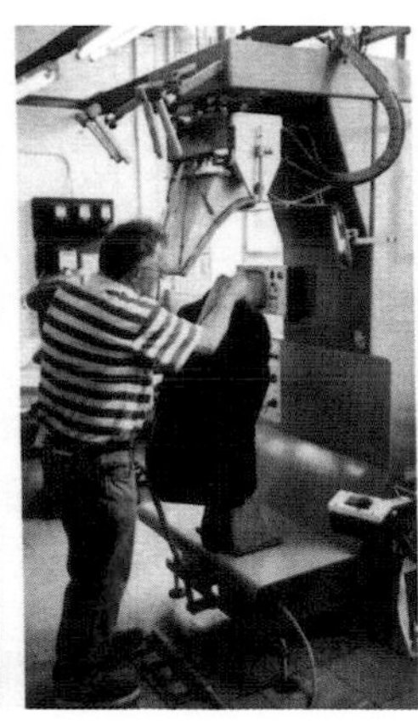

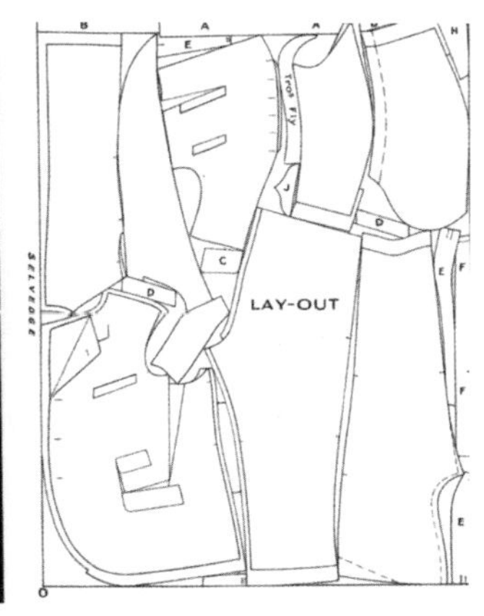


圖 10-79　透過電腦輔助在服裝產業上從設計、生產到流通等的進行，都可以協助來完成。

服飾的簡約風格從 90 年代開始，極簡的線條、簡約的造型風行了近十年，這期間還曾出現過日式禪風、熱帶風情，不過都無法成爲主流，而新的一股設計則是由極簡爲主趨於繁複的裝飾，以簡單的身體線條爲基調，從設計師服裝展中透露出的一股新裝飾主義和新古典的自然居家風格，同時著重服飾的機能性與功能性，整體而言形成休閒運動的舒適流行風潮。

90 年代後期，流行服飾繼續擴大「後現代主義設計風格」所帶來的影響，故強調「零亂、衝突；反唯美；拼湊；趣味；反諷；無意義」，成爲高級服裝設計表現的重點主題。例如，「紋身風潮」、「亂髮造型」、「頹廢造型」、「撕破造型」等現象，都是相當具代表性的造型。而在設計師方面，John Galliano（圖 10-80）、Alexander Mcqueen、Martin Margiela 等設計師都是這種風格的代表。總之，90 年代的服飾傾向復古，貼身上衣及低腰褲盛極一時。

圖 10-80　服裝設計師 John Galliano 的作品。

## 八、2000 年代

從各大設計師的服裝展覽中可以發現不管是東方的或是西方的文化，都可以將其元素帶入服裝設計之中，形成其特色，讓服裝設計作品具有地方文化的特質，展現特有的風格（圖 10-81）。

未來將明顯可以看到服飾結合文化與創意、傳統與現代、西方與東方文化傳統的風格，以各國文化為基礎，針對自身與各別異國文化創意的特質，加以整合，以區隔服裝設計的獨特性。使服裝設計邁向國際服飾融入在地文化，提升國際服飾業之全球化國際競爭力，使其在國際占有一席之地。

世紀末的 2000 年在美國設計師的帶動之下，「極簡風格」成為自 1990 年代漸而彰顯於 2000 年代的服裝流行時尚。而美國服裝設計師凱文柯萊（Calvin Klein）正是此風格的代表，特別是他將美式精神中的「自由、不受拘束」與「極簡風格」相互結合，表達出「簡潔、俐落、帥氣」的特色（圖 10-82）。此外，設

圖 10-81　服裝設計師 KENZO 的作品。

圖 10-82　服裝設計師凱文柯萊（Calvin Klein）的作品。

計師較著重優質衣料及圖案，在邁向 21 世紀，款式不但富有時代感，也有趨向較科技的設計（圖 10-83）。

圖 10-83　邁向 21 世紀服裝富有時代感與科技功能化。

## 一、問答題

1. 20 世紀初歐洲女裝的特點。
2. 第一次世界大戰時期歐洲的男女服裝。
3. 女子服裝的突破性演變。
4. 男子禮服的演變。
5. 設計大師迪奧的設計與影響。

## 二、本章要點

女權運動對女裝發展的影響。

# 附錄一　西洋服飾歷史年代表

表 1-1　古埃及史的斷代

| 歷史時期 | 埃及王朝 | 歷史摘要 |
| --- | --- | --- |
| 前王國時期<br>約 B.C. 3100-2868 | 第一～二王朝 | 納莫（Narmer）統一上下埃及、定都孟斐斯。同時完成埃及象形文字系統。是古埃及第一王朝的開始。 |
| 古王國時期<br>約 B.C. 2686-2181 | 第三～六王朝 | 埃及的黃金時期、法老王利用金字塔確保來生之路、此時期完成的金字塔數目最多、也最大。由此可見當時的富庶。 |
| 第一中間期<br>約 B.C. 2181-2040 | 第七～十王朝 | 王室盛極而腐敗、導致大動亂、社會不安定。 |
| 中王國時期<br>約 B.C. 2133-1786 | 第十一～十二王朝 | 重建古王國的風範 |
| 第二中間期<br>約 B.C. 1786-1567 | 第十三～十七王朝 | 希克索人統治埃及 |
| 新王國時期第<br>約 B.C. 1567-1085 | 第十八～二十王朝 | 1. 亞摩斯王（B.C. 1565）將希克索人趕出埃及、再次統一埃及、定都底比斯。<br>2. 十八王朝末期安門荷特普四世（易克納唐 B.C. 1350）進行宗教改革但失敗、原改信奉阿唐神爲唯一神祇，BC. 1330 又恢復阿蒙神信仰。<br>3. 十九王朝末期國力衰退。 |
| 後王國時期<br>約 B.C.1085-343 | 第二十一～三十王朝 | 二十四王朝後埃及不斷的受到外來文明的衝擊。 |
| 托勒密王國<br>約 B.C. 332-30 | 希臘人統治 | 1. 亞歷山大征服埃及、其將領托勒密建立托勒密王國、以希臘人按埃及制度管理埃及。<br>2. 埃及末代女王克麗歐佩特多拉自殺，埃及王朝結束、進入羅馬統治時期。 |

表 1-2　美索不達米亞的年代發展

| 西元前 15000 年 | 「肥沃月彎」的東方形成「美索不達米亞」。 |
|---|---|
| 西元前 1500 年 | 「肥沃月彎」的西部，傳統村落社會形成。 |
| 西元前 9500 年 | 新石器時代農業萌芽，從事種植生產大麥與小麥。 |
| 西元前 8000 年 | 新石器時代爲文化開始。 |
| 西元前 7500 年 | 開始畜牧活動，適用陶土作成工具，同時也使用石器。 |
| 西元前 5000 年 | 蘇美人建造了世界上最古老的城市烏魯克，設立學校和圖書館。 |
| 西元前 4500 年 | 「美索不達米亞」最早的城市艾力都建立。 |
| 西元前 3500 年 | 使用楔形文字，包含五、六百個表音符號。 |
| 西元前 3100 年 | 南方蘇美人進入城邦時代，主要的城邦有烏魯克、烏爾等。 |
| 西元前 3300 年 | 商業行爲中使用陶球算石，泥板紀錄，六十進位法，使數字與圖像符號結合。 |
| 西元前 3000 年 | 城市紛紛在各地建立起來。 |
| 西元前 900 年 | 古王朝時代人類第一布史詩「吉葛美修」出現。 |
| 西元前 300 年 | 北方閃族建立阿卡得王朝。 |
| 西元前 1900 年 | 腓尼基人創文字。 |
| 西元前 1894 年 | 阿摩利王朝入主巴比倫，巴比倫第一王朝時期。 |
| 西元前 179 年 | 漢摩拉比時代，漢摩拉比法典頒行。 |
| 西元前 1700 年 | 使用馬匹，兩輪站車改變戰爭型態；腓尼基人開始利用迦南人的文字，此爲最早的字母。 |
| 西元前 1600 年 | 愛琴文化達到極盛時代 |
| 西元前 1595 年 | 巴比倫第三王朝，卡希特人統治時期，巴比倫事上的黑暗時代。 |
| 西元前 1400 年 | 中亞述時期，陶瓷公藝發達。 |
| 西元前 100 年 | 阿拉姆遊牧民族入侵「美索不達米亞」，進入混亂時期；希伯來人離開埃及，定居巴勒斯坦。 |
| 西元前 1000 年 | 亞述帝國將版圖括展到地中海東岸地區；希伯來王國建立。 |
| 西元前 900 年 | 亞述帝國達到等盛時期，使用大量石材，裝飾宮殿，成爲當時的「世界帝國」 |
| 西元前 700 年 | 在尼尼微城建大圖書館，爲世界第一座分類圖書館。 |

| 西元前 609 年 | 新巴比倫滅亞述王國，希伯來人遷往巴比倫淪爲奴隸。 |
|---|---|
| 西元前 550 年 | 波斯帝國興起，統治「美索不達米亞」與巴比倫。 |
| 西元前 500 年 | 大塔廟（通天塔）埃特梅南奇，空中花園修建。 |
| 西元前 331 年 | 亞歷山大帝征服巴比倫、蘇隆、波斯城。 |
| 西元前 90 年 | 亞歷山大帝圖書館建立。 |
| 西元前 140 年 | 楔形文字逐漸消失，希臘文字取而代之。 |

# 附錄二　主要參考文獻


1. 《失落的文明—古埃及》沐濤，倪華強著，三聯書店（香港）有限公司（延陵圖書館索書號：761.21NGL001）
2. 《西亞北非探源》劉文鵬著，上海文藝出版社，2001/11（延陵圖書館索書號： 761.21NGL002）
3. 川成　洋（1992），服飾の歷史を展望する。同朋舍出版
4. 丹野　郁　編（1999）西洋服裝史，東京堂出版
5. 內維爾．杜魯門（1990）歐洲服裝史．舞台美術學會編印
6. 田中　天& F.E.A.R.（2005），圖說中世紀服裝。奇幻基地出版 城邦文化事業股份有限公司
7. 石山　彰（昭和 58 年），HISTORY OF FASHION PLATE 17 ～ 18 世紀，第一刷。文化女子大學圖書館所藏版，文化出版局
8. 石山　彰（昭和 58 年），HISTORY OF FASHION PLATE 19 世紀中期，第一刷。文化女子大學圖書館所藏版，文化出版局
9. 石山　彰（昭和 58 年），HISTORY OF FASHION PLATE 19 世紀後期，第一刷。文化女子大學圖書館所藏版，文化出版局
10. 石山　彰（昭和 58 年），HISTORY OF FASHION PLATE 20 世紀初期，第一刷。文化女子大學圖書館所藏版。文化出版局
11. 布蘭奇．佩尼（1987）世界服裝史，遼寧科技出版社

12. 吉川逸治（1966），講談社版；世界の美術館，第三回配本　大英博物館。株式會社講談社
13. 朱光潛．西方美學史（1979）人民文學出版社
14. 李浴（1980）西方美術史綱．遼寧美術出版社
15. 李當岐．西洋服裝史（1995）高等教育出版社
16. 杜里尼等（2002）世界美術全集—文藝復興美術。藝術家出版社。台灣
17. 青木英夫（1994）西洋男子服流行史，源流社出版
18. 法國史綱（1978）三聯書店
19. 吳麗娟，History。漢家出版社
20. 若宮信睛 Nobubaru Wakamiya(1985)，THE HISTORY OF MODERN DESIGN。文化出版局 Bunka Publishing Bureau, Tokyo
21. 胡燕欣（2005），你不可不知的西洋圖片史。高談文化事業有限公司
22. 後藤昌樹（1975）世界美術全集．集英社
23. 原田二郎，丹野郁（1993）西方服飾史．山西人民美術出版社
24. 孫世圃（1999）西洋服裝史教程。中國紡織出版社
25. 高階秀爾（1992），彩色版—西洋美術史。新形象出版出版事業有限公司
26. 張乃仁，楊藹琪（1992）外國服裝藝術史，人民美術出版社
27. 華梅（1999）西洋服裝史教程，中國紡織出版社
28. 提拉底提（Francesco Tiradritti, 2005）藝術大師圖鑑—古埃及藝術。貓頭鷹出版社
29. 喬治娜．奧哈拉（1991）世界時裝百科辭典．春風文藝出版社
30. 葉立誠，中西服裝史（2000）。商鼎文化出版
31. 賈布契（Ada Gabucci, 2005）藝術大師圖鑑—古羅馬藝術。貓頭鷹出版社
32. 潘襎（2001）世界美術全集—新古典與浪漫主義美術。藝術家出版社。台灣
33. 潘襎、方振寧（2001）美索不達米亞藝術（藝術家專輯別冊）。藝術家出版社。台灣
34. 賴素鈴（2003），金字塔探秘　四大古文明 羅浮宮埃及文物展—導覽手冊。藝術家雜誌、出版社
35. 簡明不列顛百科全店（1985）中國大百科全店出版社
36. 藝術百科全店（1989）知識出版社

37. エディ・大徑（昭和57年），イテストレーッョン。株式會社河出書房新社
38. ピエロ・ヴェソトゥーラ，ファッツョソの歷史（1994）。株式會社三省堂
39. ADRIAN BAILEY (1988), THE PASSION for FASHION, Dragon's world Ltd.
40. AILEEN RIBEIRO & VALERIE CUMMING（1997）, THE VISUAL HISTORY OF COSTUME, B.T. Batsford Ltd, London
41. ALFRED MOIR（1989）CARAVAGGIO, HARRY N. ABRAMS, INC., Publish
42. Alison Carter （1992）, UNDERWEAR The Fashion History, B.T. Bastsford Limited・London
43. ALFRED MOIR（1989）, CARAVAGGIO, HARRY N. ABRAMS, INC., Publish
44. ANNA BURUMA(1999), A HISTORICAL GUIDE TO WORLD COSTUMES – FASHIONS OF THE PAST, Reproduction by Grasmere Digital Printed in China
45. BLOOMINGDALEBROTHERS, BLOOMINGDALE’S ILLUSTRATED 1886 CATALOG – FASHION DRY GOODS AND HOUSEWARES, Dover Publications Inc., New Yark
46. CITY OF MANCHESTER ART GALLERY（1982）, From Dürer to Boucher, Old Master Prints and Drawings
47. Cristina Giorgetti(1995), Brioni FIFTY YEAR OF STYLE, OCTAVO Franco Cantini Editore
48. Desire Smith(1998), Fashionable Clothing from the Sears Catalogs early 1970s, A Schiffer Book for Collectors & Designers
49. Dominique Paquet（1999），鏡子—美的歷史。時報文化出版企業股份有限公司
50. Elizabeth Ewing(1993), History of TWENTIETH CENTURY FASHION, B. T. BATSFORD LTD London
51. Ellie Laubner (2000), Collectible Fashions of the Turbulent 1930s, Published by Schiffer Publishing Ltd.
52. ELIZABETH OWEN(1993), FASHION IN PHOTOGRAPHS 1920-1940, ABATSFORD BOOK
53. ERHARD KLEPPER, Costume Through the Ages, DOVER PUBLICATION, INC.
54. Exclusiv-International Dissmann-Paris (1977, Summer)。台英社代理
55. FRANÇOIS BOUCHER(2004)，A History of Costume in the West，Thames & Hudson Ltd.

56. FARID CHENOUNE(1993), HISTORY OF MEN' S FASHION, Flammarion
57. Francesca Romei (1995), MASTERS OF ART 透視藝術大師　雷奧納多 ・ 達 ・ 文西 LEONARDO DA VINCI。宏觀文化
58. FRANÇOIS BAUDOT (1999), FASHIN – THE TWENURY CENT TY, UNIVERSE
59. Gerda Buxbaum(1999), Icons of FASHION – THE 20TH CENTURY, PRESTEL Verlag, Munich・London・New York
60. Gertrud Lehnert(1998), FASHION an illustrated historical overview, BARRON'S
61. H.H. 阿納森（1986）西方現代藝術史・天津人民美術出版社
62. JACK CASSIN-SCOTT, THE ILLUSTRATED ENCYCLOPAEDIA OF COSTUME AND FASHION FROM 1066 TO THE PRESENT, STUDIO VISTA
63. JACK CASSIN-SCOTT, THE ILLUSTRATED ENCYCLOPAEDIA OF COSTUME AND FASHION FROM 1066 TO THE PRESENT, STUDIO VISTA
64. Jan Lindenberger (1996), Clothing & Accessories from the 40's, 50's, & 60's, Jan Lindenberger
65. JAMES LAVER(1996), COSTUME & FASHION, THAMES AND HUDSON
66. JANE ASHELFORD（1986）, A VISUAL HISTORY OF COSTUME THE SIXTEENTH CENTURY, B.T. BATSFORD
67. Jennifer Ruby, Costume in Context - The Stuarts, B.T. Batsford Ltd, London
68. Joan Nunn（1984）, Fashion in Costume 1200-1980, The Herbert Press
69. JOHN PEACOCK（1991）, THE CHRONICLE OF WESTERN COSTUME, THAMES AND HUDSON LTD., LONDON
70. JOHN PEACOCK(1994), COSTUME 1006-1990s, Thames Hudson
71. JOHN PEACOCK(1996), MEN' S FASHION – THE COMPLETE SOURCEBOOK WITH OVER 1000 COLOUR ILLUSTRATIONS, THAMES AND HUDSON
72. John Peacock(2005), The Complete Sourcebook –Shoes, Printed and Bound in China by Midas Printing
73. John Peacock(2000), Fashion Accessories – THE COMPLETE 20TH CENTURY SOURCEBOOK with 2000 full-colour illustrations, Thames & Hudon
74. KELLY KILLOREN BENSIMON(2004), AMERICAN STYLE, Assouline Publishing, Inc.

75. Kristina Harris(1999), The Child in Fashion 1750 to 1920, Published by Schiffer Publishing Ltd.
76. Kristina Harris, Victorian Edwardian – Fashion for Women -1840 to 1919
77. Linda Watson(2003), TWENTIETH CENTURY FASHION, CARLTON BOOKS
78. LUC DE NANTEUIL(1990), DAVID, HARRY N. ABRAMS, INC., PUBLISHERS
79. LUDWIG MÜNZ AND BOB HAAK（1984）, REMBRANDT, HARRY N. ABRAMS, INC. Publishers
80. Margot Hamilton Hill Peter A Bucknell（1987）, The Evolution of Fashion 1066 to 1930, Published in the United States of America by Drama Book Publishers
81. MARY G. HOUSTON (2004), ANCIENT GREEK, ROMAN & BYZANTINE COSTUME，DOVER PUBLICATIONS INC., Mineola, New York
82. MARY G. HOUSTON(2004)ANCIENT GREEK, ROMAN & BYZANTINE COSTUME，DOVER PUBLICATIONS INC., Mineola, New York
83. Mary G. Houston(1996), Medieval Costume in England and France The 1The 13th, 14th and 15th Centuries, Dover Publications, Inc.
84. Mary T. Kidd(1996), Stage Costume, A&C Black・London
85. Natalie Rothsthstein(1996), FOUR HUNDRED YEARS OF FASHION, Victoria & Albert Museum
86. Norah Waugh(1995), CORSETS AND CRINOLINES, ROUTLEDGE/THEATRE ARTS BOOK
87. PENELOPE BYRDE（1992）, NINETEENTH CENTURY –FASHION, B.T.Batsford Limited・London
88. Regine and Peter W. Engelmeier (1990), Fashion in Film, Prestel, Munich・New York
89. Regine Schulz and Matthias Seidel, Egypt: The World of the Pharaohs, Konenann, ISBN-3-89508-913-3
90. REYNALDO ALEJANDRO (1988), CLASSIC MENU DESIGN, The Collection Of The New York Public Library
91. R.G. 柯林武德（1986）歷史的觀念・中國社會科學出版社
92. Sue Jenkyn Jones(2005), Fashion design, Laurence King Publishing
93. Tina Skinner(1999), Fashionable Clothing from the Sears Catalogs early 1980s with price guide, A Schiffer Book for Collectors & Designers

94. The Collection of the Kyoto Costume Institute – FASHION – A History from the 18th to the 20th Century
95. TOUT L'ART(1996), LE COSTUME FRANÇAIS, Flammarion, Paris
96. Yvonne Connikie(1994), FASHIONS OF A DECADE – THE 1960S, B. T. Batsford · London

# 圖片文獻資料來源

| 資料來源 | 文獻頁數 | 圖片編號 |
|---|---|---|
| 第一章　地中海沿岸古文明區服飾 | | |
| 提拉底提 (Francesco Tiradritti, 2005) 藝術大師圖鑑 - 古埃及藝術，貓頭鷹出版社 | pp.43 | 1-1 |
| plusinfo.jeonju.ac.kr | | 1-2 |
| 蔡宜錦 | 自繪 | 1-3 |
| www.mastr-webdesign.cz | | 1-4 |
| 蔡宜錦 | 自繪 | 1-5 |
| 蔡宜錦 | 自繪 | 1-6 |
| 蔡宜錦 | 自繪 | 1-7 |
| www.tucoo.com | | 1-8 |
| 華梅，西洋服裝史教程 (1999)，中國紡織出版社 | | 1-9 |
| 提拉底提 (Francesco Tiradritti, 2005) 藝術大師圖鑑 - 占埃及藝術，貓頭鷹出版社；蔡宜錦 | pp. 79；自繪 | 1-10 |
| 提拉底提 (Francesco Tiradritti, 2005) 藝術大師圖鑑 - 古埃及藝術，貓頭鷹出版社；蔡宜錦 | pp. 93；自繪 | 1-11 |
| plusinfo.jeonju.ac.kr | | 1-12 |
| 蔡宜錦 | 自繪 | 1-13 |
| 蔡宜錦 | 自繪 | 1-14 |
| 紐約大都會博物館 | 販售之明信卡片商品 | 1-15 |

| | | |
|---|---|---|
| www.mingyuen.edu.hk | | 1-16 |
| 吉川逸治 (1966)，講談社版 世界の美術館，第三回配本 大英博物館，株式會社講談社 | pp. 34 | 1-17 |
| 賴素鈴 (2003)，金字塔探秘 四大古文明 羅浮宮埃及文物展 - 導覽手冊，藝術家雜誌、出版社 | pp. 61 | 1-18 |
| 華梅，西洋服裝史教程 (1999)，中國紡織出版社 | | 1-19 |
| www.teslasociety.com | | 1-20 |
| Dominique Paquet (1999), 鏡子－美的歷史，時報文化出版企業股份有限公司 | pp.16 | 1-21 |
| www.tucoo.com | | 1-22 |
| 青木英夫，西洋男子服流行史 (1994)，源流社出版 | Pp.9 | 1-23 |
| 青木英夫，西洋男子服流行史 (1994)，源流社出版 | Pp.10 | 1-24 |
| 吉川逸治 (1966)，講談社版 世界の美術館，第三回配本 大英博物館，株式會社講談社 | pp.50 | 1-25 |
| Ancient Egyptian Virtual Temple.htm | | 1-26 |
| art.network.com.tw | | 1-27 |
| www.mingyuen.edu.hk | | 1-28 |
| 潘　、方振寧（2001）美索不達米亞藝術（藝術家專輯別冊），藝術家出版社，台灣 | pp. 50 | 1-29 |
| 潘　、方振寧（2001）美索不達米亞藝術（藝術家專輯別冊），藝術家出版社，台灣 | pp. 49 | 1-30 |
| art.network.com.tw | | 1-31 |
| www.geocities.com | | 1-32 |
| 蔡宜錦 | 自繪 | 1-33 |
| 英國大英博物館 | 販售之明信卡片 (Museum photo) | 1-34 |
| 蔡宜錦 | 自繪 | 1-35 |
| 葉立誠，中西服裝史 (2000)，商鼎文化出版 | Page 39 | 1-36 |
| J. A. Thompson, The Bible and Archaeology Andre Parrot, Niniveh and the Old Testament, SCM Press | | 1-37 |

| | | |
|---|---|---|
| 潘　、方振寧（2001）美索不達米亞藝術（藝術家專輯別冊），藝術家出版社，台灣 | pp. 封面 | 1-38 |
| 孫世圃，西洋服裝史教程 (1999)，中國紡織出版社 | pp15 | 1-39 |
| Model Shoe, Schoenenwerd, Switzerland, Musée Bally. (Museum photo) | 博物館販售之明信卡片 | 1-40 |
| www.bc.edu | | 1-41 |
| www.oursci.org | | 1-42 |
| lilt.ilstu.edu | | 1-43 |
| MARY G. HOUSTON (2004), ANCIENT GREEK, ROMAN & BYZANTINE COSTUME，DOVER PUBLICATIONS INC., Mineola, New York | Page 5 | 1-44 |
| 丹野 郁 編，西洋服裝史 (1999)，東京堂出版 | Page31 | 1-45 |
| witcombe.sbc.edu | | 1-46 |
| lilt.ilstu.edu | | 1-47 |
| www.vroma.org | | 1-48 |
| www.vroma.org | | 1-49 |
| www.bc.edu | | 1-50 |
| upload.wikimedia.org | | 1-51 |
| www.biada.org | | 1-52 |
| www.vroma.org | | 1-53 |
| www.grisel.net | | 1-54 |
| 丹野 郁 編，西洋服裝史 (1999)，東京堂出版 | Page 41 | 1-55 |
| MARY G. HOUSTON (2004), ANCIENT GREEK, ROMAN & BYZANTINE COSTUME，DOVER PUBLICATIONS INC., Mineola, New York | Page 42 | 1-56 |
| MARY G. HOUSTON (2004), ANCIENT GREEK, ROMAN & BYZANTINE COSTUME，DOVER PUBLICATIONS INC., Mineola, New York | Page 48 | 1-57 |
| Tom Tierney（1998）Ancient Greek Costumes Paper Dolls (History of Costume), Dover Publications Inc. | pp.48 | 1-58 |

| | | |
|---|---|---|
| TOUT L’ART(1996), LE COSTUME FRANÇAIS, Flammarion, Paris | pp. 20 | 1-59 |
| www.thenagain.info | | 1-60 |
| www.thenagain.info | | 1-61 |
| 蔡宜錦 | 自繪 | 1-62 |
| 川成 洋 (1992)，服飾の歷史を展望する，同朋舍出版 | pp. 10 | 1-63 |
| 葉立誠，中西服裝史 (2000)，商鼎文化出版 | Page 47 | 1-64 |
| 胡燕欣 (2005)，你不可不知的西洋圖片史，高談文化事業有限公司 | pp.116 | 1-65 |
| 胡燕欣 (2005)，你不可不知的西洋圖片史，高談文化事業有限公司 | pp.96 | 1-66 |
| 田中 天 & F.E.A.R.(2005)，圖說中世紀服裝，奇幻基地出版城邦文化事業股份有限公司 | pp. 9 | 1-67 |
| www.uwm.edu | | 1-68 |
| www.stormfront.org | | 1-69 |
| www.eccentrix.com | | 1-70 |
| 賈布契 (Ada Gabucci, 2005) 藝術大師圖鑑 - 古羅馬藝術，貓頭鷹出版社 | pp. 119 | 1-71 |
| 第二章　中世紀前期服飾 | | |
| www.geocities.com | | 2-1 |
| 孫世圃，西洋服裝史教程 (1999)，中國紡織出版社 | pp36 | 2-2 |
| art.network.com.tw | | 2-3 |
| 蔡宜錦 | 自繪 | 2-4 |
| 川成 洋 (1992)，服飾の歷史を展望する，同朋舍出版 | pp. 13 | 2-5 |
| ピエロ ヴェソトゥーラ，ファッツョソの歷史 (1994)，株式會社三省堂 | pp. 30 | 2-6 |
| 呂千媚 | 學生素描作品 | 2-7 |
| 呂千媚 | 學生素描作品 | 2-8 |

| | | |
|---|---|---|
| 吳麗娟，History，漢家出版社 | pp. 66 | 2-9 |
| 蔡宜錦 | 自繪 | 2-10 |
| 黃瓊賢；www.youer.com | 學生素描作品 | 2-11 |
| O.Orkhon | 學生素描作品 | 2-12 |
| O.Orkhon | 學生素描作品 | 2-13 |
| 靜詒 | 學生素描作品 | 2-14 |
| 古夢靈 | 學生素描作品 | 2-15 |
| 第三章　羅馬式服飾 | | |
| 胡燕欣 (2005)，你不可不知的西洋圖片史，高談文化事業有限公司 | pp. 206 | 3-1 |
| 黃瓊賢 | 學生素描作品 | 3-2 |
| 呂千媚、古夢靈 | 學生素描作品 | 3-3 |
| Felicia Lind (2011), All laced up - a brief history of corsets, Bluestockings and Knickerbockers | | 3-4 |
| Margot Hamilton Hill Peter A Bucknell (1987), The Evolution of Fashion 1066 to 1930, Published in the United States of America by Drama Book Publishers | pp. 27 | 3-5 |
| 紐約大都會博物館；www.hermitagemuseum.org | 販售之明信卡片 | 3-6 |
| Margot Hamilton Hill Peter A Bucknell (1987), The Evolution of Fashion 1066 to 1930, Published in the United States of America by Drama Book Publishers | pp. 11 | 3-7 |
| www.byzantium.ru | | 3-8 |
| Mary G. Houston (1996), Medieval Costume in England and France The 1The 13th, 14th and 15th Centuries, Dover Publications, Inc. | pp. 109 | 3-9 |
| 第四章　哥德式服飾 | | |
| www.spudles.com | | 4-1 |
| www.hermitagemuseum.org | | 4-2 |
| www.illusionsgallery.com | | 4-3 |

| | | |
|---|---|---|
| 吳麗娟，History，漢家出版社 | pp. 73 | 4-4 |
| 孫世圃，西洋服裝史教程 (1999)，中國紡織出版社 | pp55 | 4-5 |
| Mary G. Houston (1996), Medieval Costume in England and France The 1The 13th, 14th and 15th Centuries, Dover Publications, Inc. | pp. 165 | 4-6 |
| 吳惠萍 | 學生素描作品 | 4-7 |
| H. W. JANSON 著 / 曾堉 ・ 王寶連譯（1991），西洋藝術史 (2) 中古藝術，幼獅文化公司 | pp. 116 | 4-8 |
| O.Orkhon | 學生素描作品 | 4-9 |
| 吳惠萍、吳珮萱 | 學生素描作品 | 4-10 |
| Auguste Racinet (1987), RACINET’S Full-Color Pictorial History of Western Costume, DOVER PUBLICATIONS, INC.・NEW YORK | PP. 10 | 4-11 |
| www.visual-arts-cork.com | | 4-12 |
| Shepherds, on the royal portal, Chartres Cathedral. 1150A.D. | 販賣商店明信卡片 (Photo Giraudon) | 4-13 |
| 格楚 ・ 萊娜特著 / 陳品秀譯，MODE 時尚小史，三研社 | pp. 50 | 4-14 |
| Alison Carter (1992), UNDERWEAR The Fashion History, B.T. Bastsford Limited London | pp. 14 | 4-15 |
| 吳珮萱 | 學生素描作品 | 4-16 |
| 黃宜玲 | 學生素描作品 | 4-17 |
| www.franzxaverwinterhalter.org | Pol de Limbourg | 4-18 |
| Braun & Schneider（2007）, THE HISTORY OF COSTUME, Braun & Schneider | Florentine Women's dress | 4-19 |
| 第五章　文藝復興時期的服飾 | | |
| 謝偉 (2006)，建築的故事，波希米亞文化出版有限公司 | pp.125 | 5-1 |

| | | |
|---|---|---|
| Francesca Romei (1995), MASTERS OF ART 透視藝術大師 雷奧納多 達 文西 LEONARDO DA VINCI, 宏觀文化 | pp. 4 | 5-2 |
| Zazzle Inc., The Betrothal By Italienischer Meister Des 15. Jah Cards | | 5-3 |
| 許汝紘 (2008), 用不同的觀點和你一起欣賞世界名畫，信實文化股份有限公司；www.rubens.Gallery.org | pp.195 | 5-4 |
| JOHN PEACOCK(1991), THE CHRONICLE OF WESTERN COSTUME, THAMES AND HUDSON LTD., LONDON | pp.70 | 5-5 |
| www.cwu.edu | | 5-6 |
| ALFRED MOIR (1989), CARAVAGGIO, HARRY N. ABRAMS, INC., Publish | pp.45 | 5-7 |
| Francesca Romei (1995), MASTERS OF ART 透視藝術大師 雷奧納多 達 文西 LEONARDO DA VINCI, 宏觀文化 | pp. 5 | 5-8 |
| ALFRED MOIR (1989), CARAVAGGIO, HARRY N. ABRAMS, INC., Publish | pp.53 | 5-9 |
| ALFRED MOIR (1989), CARAVAGGIO, HARRY N. ABRAMS, INC., Publish | pp.101 | 5-10 |
| www.costumes.org | | 5-11 |
| AILEEN RIBEIRO & VALERIE CUMMING(1997), THE VISUAL HISTORY OF COSTUME, B.T. Batsford Ltd, London | pp.76 | 5-12 |
| Joan Nunn(1984), Fashion in Costume 1200-1980, The Herbert Press | pp.32 | 5-13 |
| JACK CASSIN-SCOTT, THE ILLUSTRATED ENCYCLOPAEDIA OF COSTUME AND FASHION FROM 1066 TO THE PRESENT, STUDIO VISTA | pp.18 | 5-14 |
| 丹野 郁 編，西洋服裝史 (1999)，東京堂出版 | pp. 112 | 5-15<br>5-16 |

| | | |
|---|---|---|
| www.longago.com | | 5-17 |
| JANE ASHELFORD (1986), A VISUAL HISTORY OF COSTUME THE SIXTEENTH CENTURY, B.T. BATSFORD | pp.74 | 5-18 |
| 青木英夫，西洋男子服流行史 (1994)，源流社出版 | Pp.10 | 5-19 |
| JACK CASSIN-SCOTT, THE ILLUSTRATED ENCYCLOPAEDIA OF COSTUME AND FASHION FROM 1066 TO THE PRESENT, STUDIO VISTA | pp. 20 | 5-20 |
| JACK CASSIN-SCOTT, THE ILLUSTRATED ENCYCLOPAEDIA OF COSTUME AND FASHION FROM 1066 TO THE PRESENT, STUDIO VISTA | pp.36 | 5-21 |
| JOHN PEACOCK(1991), THE CHRONICLE OF WESTERN COSTUME, THAMES AND HUDSON LTD., LONDON | pp. 82 | 5-22 |
| fashionstylesource.com | | 5-23 |
| 杜里尼等（2002）世界美術全集 – 文藝復興美術，藝術家出版社，台灣 | pp.207 | 5-24 |
| Mary G. Houston (1996), Medieval Costume in England and France The 1The 13th, 14th and 15th Centuries, Dover Publications, Inc. | pp.218 | 5-25 |
| LUDWIG MÜNZ AND BOB HAAK(1984), REMBRANDT, HARRY N. ABRAMS, INC. Publishers | pp.59 | 5-26 |
| Auguste Racinet (1987), RACINET’S Full-Color Pictorial History of Western Costume, DOVER PUBLICATIONS, INC.・NEW YORK | PP. 49 | 5-27 |
| 張莉敏、林尤菁 | 學生素描作品 | 5-28 |
| www.french-engravings.com | | 5-29 |
| | | 5-30 |
| 蔡宜錦 | 自繪圖 | 5-31 |
| 林尤菁 | 學生素描作品 | 5-32 |
| ERHARD KLEPPER, Costume Through the Ages, DOVER PUBLICATION, INC. | pp.33 | 5-33 |

| | | |
|---|---|---|
| www.pemberley.com | | 5-34 |
| AILEEN RIBEIRO & VALERIE CUMMING(1997), THE VISUAL HISTORY OF COSTUME, B.T. Batsford Ltd, London | pp. 100 | 5-35 |
| JANE ASHELFORD (1986), A VISUAL HISTORY OF COSTUME THE SIXTEENTH CENTURY, B.T. BATSFORD | pp. 78 | 5-36 |
| 第六章　巴洛克風格時期的服飾 | | |
| 謝偉 (2006)，建築的故事，波希米亞文化出版有限公司 | pp.138 | 6-1 |
| 高階秀爾 (1992)，彩色版 - 西洋美術史，新形象出版出版事業有限公司 | pp. 108 | 6-2 |
| www.kipar.org | | 6-3 |
| TOUT L'ART(1996), LE COSTUME FRANÇAIS, Flammarion, Paris | pp. 93 | 6-4 |
| bjws.blogspot.com | | 6-5 |
| H. W. JANSON 著 / 曾堉 ・ 王寶連譯（1991），西洋藝術史 (3) 文藝復興藝術，幼獅文化公司 | pp. 150 | 6-6 |
| John Peacock (2006), The Story of Costume, Thames & Hudson | pp.28 | 6-7 |
| ashbaugh.freeservers.com | | 6-8 |
| www.ckrumlov.cz | | 6-9 |
| ピエロ ヴェソトゥーラ，ファッツョソの歷史 (1994)，株式會社三省堂 | pp. 42 | 6-10 |
| John Peacock (2006), The Story of Costume, Thames & Hudson | pp.29 | 6-11 |
| エディ　大徑 ( 昭和 57 年 )，イテストレーツョン，株式會社河出書房新社 | pp.118 | 6-12 |
| www.ckrumlov.cz | | 6-13 |
| 田中 天 & F.E.A.R.(2005)，圖說中世紀服裝，奇幻基地出版城邦文化事業股份有限公司 | pp. 130 | 6-14 |

| 石山 彰 ( 昭和 58 年 )，HISTORY OF FASHION PLATE 17~18 世紀，第一刷，文化女子大學圖書館所藏版，文化出版局 | pp.13 | 6-15 |
|---|---|---|
| Auguste Racinet (1987), RACINET’S Full-Color Pictorial History of Western Costume, DOVER PUBLICATIONS, INC.・NEW YORK | pp. 68 | 6-16 |
| ERHARD KLEPPER, Costume Through the Ages, DOVER PUBLICATION, INC. | pp. 35 | 6-17 |
| 陳姿蓉 | 學生素描作品 | 6-18 |
| 陳姿蓉 | 學生素描作品 | 6-19 |
| www.kipar.org | | 6-20 |
| Jennifer Ruby, Costume in Context - The Stuarts, B.T. Batsford Ltd, London | pp.38 | 6-21 |
| www.nehelenia-designs.com | | 6-22 |
| H. W. JANSON 著 / 曾堉 ・ 王寶連譯（1991），西洋藝術史 (3) 文藝復興藝術，幼獅文化公司 | pp. 185 | 6-23 |
| Jennifer Ruby, Costume in Context - The Stuarts, B.T. Batsford Ltd, London | pp. 封面 | 6-24 |
| AILEEN RIBEIRO & VALERIE CUMMING(1997), THE VISUAL HISTORY OF COSTUME, B.T. Batsford Ltd, London | pp. 103 | 6-25 |
| 石山 彰 ( 昭和 58 年 )，HISTORY OF FASHION PLATE 17~18 世紀，第一刷，文化女子大學圖書館所藏版，文化出版局 | pp.16 | 6-26 |
| Dominique Paquet (1999), 鏡子－美的歷史，時報文化出版企業股份有限公司 | pp. 55 | 6-27 |
| Jennifer Ruby, Costume in Context - The Stuarts, B.T. Batsford Ltd, London | pp.49 | 6-28 |
| 吳少祺 | 學生素描作品 | 6-29 |
| 吳少祺 | 學生素描作品 | 6-30 |
| 第七章　洛可可風格時期的服飾 | | |
| 謝偉 (2006)，建築的故事，波希米亞文化出版有限公司 | pp.161 | 7-1 |

| | | |
|---|---|---|
| Kammermeiers.com | | 7-2 |
| Natalie Rothsthstein(1996), FOUR HUNDRED YEARS OF FASHION, Victoria & Albert Museum | pp. 87 | 7-3 |
| Natalie Rothsthstein(1996), FOUR HUNDRED YEARS OF FASHION, Victoria & Albert Museum | pp. 99 | 7-4 |
| エディ　大徑 ( 昭和 57 年 )，イテストレーツョン，株式會社河出書房新社 | pp. 119, 123 | 7-5 |
| en.wikipedia.org | | 7-6 |
| Margot Hamilton Hill Peter A Bucknell (1987), The Evolution of Fashion 1066 to 1930, Published in the United States of America by Drama Book Publishers | pp. 123 | 7-7 |
| 胡永芬著，江學瀅編 (1996)，100 藝術大師，明天國際圖書 | pp. 83 | 7-8 |
| The Collection of the Kyoto Costume Institute – FASHION – A History from the 18th to the 20th Century | pp.48 | 7-9 |
| 楊璨瑛 | 學生素描作品 | 7-10 |
| Natalie Rothsthstein(1996), FOUR HUNDRED YEARS OF FASHION, Victoria & Albert Museum | pp. 21 | 7-11 |
| Norah Waugh (1995), CORSETS AND CRINOLINES, ROUTLEDGE/THEATRE ARTS BOOK | pp.38 | 7-12 |
| Norah Waugh (1995), CORSETS AND CRINOLINES, ROUTLEDGE/THEATRE ARTS BOOK | pp.39 | 7-13 |
| www.mauritia.de | | 7-14 |
| fp.uni.edu | | 7-15 |
| JAMES LAVER (1996), COSTUME & FASHION, THAMES AND HUDSON | pp. 140 | 7-16 |
| 胡永芬著，江學瀅編 (1996)，100 藝術大師，明天國際圖書 | pp. 94 | 7-17 |
| JAMES LAVER (1996), COSTUME & FASHION, THAMES AND HUDSON | pp. 143 | 7-18 |

| | | |
|---|---|---|
| ピエロ ヴェソトゥーラ，ファッツョソの歴史 (1994)，株式會社三省堂 | pp.47 | 7-19 |
| LUC DE NANTEUIL(1990), DAVID, HARRY N. ABRAMS, INC., PUBLISHERS | pp. 89 | 7-20 |
| LUC DE NANTEUIL(1990), DAVID, HARRY N. ABRAMS, INC., PUBLISHERS | pp. 87 | 7-21 |

| 第八章　十八世紀末至十九世紀初期的歐洲服飾 | | |
|---|---|---|
| lib.khgs.tn.edu.tw | | 8-1 |
| 吳鳳萍 | 學生素描作品 | 8-2 |
| ANNA BURUMA(1999), A HISTORICAL GUIDE TO WORLD COSTUMES – FASHIONS OF THE PAST, Reproduction by Grasmere Digital Printed in China | pp.115 | 8-3 |
| JOHN PEACOCK(1996), MEN’S FASHION – THE COMPLETE SOURCEBOOK WITH OVER 1000 COLOUR ILLUSTRATIONS, THAMES AND HUDSON | pp.12 | 8-4 |
| ANNA BURUMA(1999), A HISTORICAL GUIDE TO WORLD COSTUMES – FASHIONS OF THE PAST, Reproduction by Grasmere Digital Printed in China | pp.113 | 8-5 |
| LUC DE NANTEUIL(1990), DAVID, HARRY N. ABRAMS, INC., PUBLISHERS | pp. 97 | 8-6 |
| ANNA BURUMA(1999), A HISTORICAL GUIDE TO WORLD COSTUMES – FASHIONS OF THE PAST, Reproduction by Grasmere Digital Printed in China | pp.112 | 8-7 |
| The Collection of the Kyoto Costume Institute – FASHION – A History from the 18th to the 20th Century | pp. 141 | 8-8 |
| 潘稀（2001），新古典與浪漫主義美術。藝術家雜誌策劃。藝術家出版社 | pp. 42 | 8-9 |
| 蔡乃宣 | 學生素描作品 | 8-10 |
| 蔡佩芸 | 學生素描作品 | 8-11 |

| REYNALDO ALEJANDRO (1988), CLASSIC MENU DESIGN, The Collection Of The New York Public Library | pp. 85 | 8-12 |
| --- | --- | --- |
| 石山　彰（昭和 58 年），HISTORY OF FASHION PLATE 19 世紀初期，第一刷。文化女子大學圖書館所藏版。文化出版局 | pp. 11 | 8-13 |
| 盧加怡 | 學生素描作品 | 8-14 |
| 石山　彰（昭和 58 年），HISTORY OF FASHION PLATE 19 世紀初期，第一刷。文化女子大學圖書館所藏版。文化出版局 | pp. 34 | 8-15 |
| ERHARD KLEPPER, Costume Through the Ages, DOVER PUBLICATION, INC. | pp. 66 | 8-16 |
| 石山　彰（昭和 58 年），HISTORY OF FASHION PLATE 19 世紀初期，第一刷。文化女子大學圖書館所藏版。文化出版局 | pp. 19 | 8-17 |
| 第九章　十九世紀的歐洲服飾 | | |
| 石山　彰（昭和 58 年），HISTORY OF FASHION PLATE 19 世紀中期，第一刷。，文化女子大學圖書館所藏版。文化出版局 | pp. 2 | 9-1 |
| JOHN PEACOCK(1996), MEN'S FASHION – THE COMPLETE SOURCEBOOK WITH OVER 1000 COLOUR ILLUSTRATIONS, THAMES AND HUDSON | pp. 20 | 9-2 |
| www.nla.gov.au | | 9-3 |
| 石山　彰（昭和 58 年），HISTORY OF FASHION PLATE 19 世紀中期，第 刷。文化女子大學圖書館所藏版。文化出版局 | pp. 7 | 9-4 |
| The Collection of the Kyoto Costume Institute – FASHION – A History from the 18th to the 20th Century | pp. 201 | 9-5 |
| PENELOPE BYRDE(1992), NINETEENTH CENTURY – FASHION, B.T.Batsford Limited・London | pp. 43 | 9-6 |
| 石山　彰（昭和 58 年），HISTORY OF FASHION PLATE 19 世紀中期，第一刷。文化女子大學圖書館所藏版。文化出版局 | pp. 17 | 9-7 |

| | | |
|---|---|---|
| John Peacock(2005), The Complete Sourcebook –Shoes, Printed and Bound in China by Midas Printing | pp. 69 | 9-8 |
| 李韻湘 | 學生素描作品 | 9-9 |
| 李韻湘 | 學生素描作品 | 9-10 |
| 辛琬琪 | 學生素描作品 | 9-11 |
| 怡秀 | 學生素描作品 | 9-12 |
| FARID CHENOUNE(1993), HISTORY OF MEN'S FASHION, Flammarion | pp. 125 | 9-13 |
| JOHN PEACOCK(1996), MEN'S FASHION – THE COMPLETE SOURCEBOOK WITH OVER 1000 COLOUR ILLUSTRATIONS, THAMES AND HUDSON | pp. 65 | 9-14 |
| Joan Nunn(1984), Fashion in Costume 1200-1980, The Herbert Press | pp. 144 | 9-15 |
| Kristina Harris, Victorian Edwardian – Fashion for Women -1840 to 1919 | pp. 40 | 9-16 |
| 怡秀 | 學生素描作品 | 9-17 |
| Kristina Harris, Victorian Edwardian – Fashion for Women -1840 to 1919 | pp. 56 | 9-18 |
| Gertrud Lehnert(1998), FASHION an illustrated historical overview, BARRON'S | pp. 107 | 9-19 |
| 蔡宗婷 | 學生素描作品 | 9-20 |
| 劉培根 | 學生素描作品 | 9-21 |
| 劉培根 | 學生素描作品 | 9-22 |
| JOHN PEACOCK(1991), THE CHRONICLE OF WESTERN COSTUME, THAMES AND HUDSON LTD., LONDON | pp. 167 | 9-23 |
| FARID CHENOUNE(1993), HISTORY OF MEN'S FASHION, Flammarion | pp. 90 | 9-24 |
| 劉培根 | 學生素描作品 | 9-25<br>9-26 |
| 辛琬琪 | 學生素描作品 | 9-27 |
| 辛琬琪 | 學生素描作品 | 9-28 |

| | | |
|---|---|---|
| 石山　彰（昭和58年），HISTORY OF FASHION PLATE 19世紀後期，第一刷。文化女子大學圖書館所藏版。文化出版局 | pp. 7 | 9-29 |
| John Peacock(2005), The Complete Sourcebook –Shoes, Printed and Bound in China by Midas Printing | pp. 70 | 9-30 |
| 石山　彰（昭和58年），HISTORY OF FASHION PLATE 19世紀後期，第一刷。文化女子大學圖書館所藏版。文化出版局 | pp. 34 | 9-31 |
| 石山　彰（昭和58年），HISTORY OF FASHION PLATE 19世紀後期，第一刷。文化女子大學圖書館所藏版。文化出版局 | pp. 41 | 9-32 |
| JAMES LAVER (1996), COSTUME & FASHION, THAMES AND HUDSON | pp. 217 | 9-33 |
| PENELOPE BYRDE(1992), NINETEENTH CENTURY – FASHION, B.T.Batsford Limited・London | pp. 173 | 9-34 |
| 第十章　二十世紀的歐洲服飾 | | |
| Joan Nunn(1984), Fashion in Costume 1200-1980, The Herbert Press | pp. 186 | 10-1 |
| Kristina Harris, Victorian Edwardian – Fashion for Women -1840 to 1919 | pp. 165 | 10-2 |
| KELLY KILLOREN BENSIMON (2004), AMERICAN STYLE, Assouline Publishing, Inc. | | 10-3 |
| Cristina Giorgetti (1995), Brioni FIFTY YEAR OF STYLE, OCTAVO Franco Cantini Editore | pp. 170 | 10-4 |
| JOHN PEACOCK (1994), COSTUME 1006-1990s, Thames Hudson；Joy Shih (1997), Fashionable Clothing from the sears catalogs with current values – late 1950s, A Schiffer Book for Collectors | pp. 123<br>pp. 136 | 10-5A<br>10-5B |
| FARID CHENOUNE(1993), HISTORY OF MEN'S FASHION, Flammarion | pp. 167 | 10-6 |
| Cristina Giorgetti (1995), Brioni FIFTY YEAR OF STYLE, OCTAVO Franco Cantini Editore | pp. 32 | 10-7 |

| | | |
|---|---|---|
| JOHN PEACOCK (1994), COSTUME 1006-1990s, Thames Hudson | pp. 119 | 10-8 |
| 黃雅暚 | 學生素描作品 | 10-9 |
| Cristina Giorgetti(1995), Brioni FIFTY YEAR OF STYLE, OCTAVO Franco Cantini Editore | pp. 28 | 10-10 |
| Tina Skinner(1999), fashionable clothing from the sears catalogs with price guide - 1970s, A Schiffer Book for Collectors & Designers | pp. 154 | 10-11 |
| Stella Blum(1986), EVERYDAY FASHION – THE THIRTIES – As Pictured in Sears Catalogs, DOVER PUBLICATIONS, INC., NEW YORK | PP. 128 | 10-12 |
| Joy Shih (1997), Fashionable Clothing from the sears catalogs with current values – late 1950s, A Schiffer Book for Collectors | pp. 136 | 10-13 |
| 陳佩琳 | 學生素描作品 | 10-14 |
| Stella Blum(1986), EVERYDAY FASHION – THE THIRTIES – As Pictured in Sears Catalogs, DOVER PUBLICATIONS, INC., NEW YORK | pp. 130 | 10-15 |
| ELIZABETH OWEN (1993), FASHION IN PHOTOGRAPHS 1920-1940, ABATSFORD BOOK | pp. 99 | 10-16 |
| Gertrud Lehnert(1998), FASHION an illustrated historical overview, BARRON'S | Pp, 105 | 10-17 |
| Stella Blum(1986), EVERYDAY FASHION – THE THIRTIES – As Pictured in Sears Catalogs, DOVER PUBLICATIONS, INC., NEW YORK | pp. 33 | 10-18 |
| 芙蓉紡 1992 Jan. / Feb., vol 12(12) | p92 | 10-19 |
| ADRIAN BAILEY (1988), THE PASSION for FASHION, Dragon’s world Ltd. | pp. 122 | 10-20 |
| FRANÇOIS BOUCHER(2004)，A History of Costume in the West，Thames & Hudson Ltd. | pp. 403 | 10-21 |
| ADRIAN BAILEY (1988), THE PASSION for FASHION, Dragon’s world Ltd. | pp. 107 | 10-22 |

| | | |
|---|---|---|
| Kristina Harris (1999), The Child in Fashion 1750 to 1920, Published by Schiffer Publishing Ltd. | pp. 140 | 10-23 |
| Sue Jenkyn Jones (2005), Fashion design, Laurence King Publishing | pp. 25 | 10-24 |
| ADRIAN BAILEY (1988), THE PASSION for FASHION, Dragon’s world Ltd. | pp. 103 | 10-25 |
| John Peacock (2000), Fashion Accessories – THE COMPLETE 20TH CENTURY SOURCEBOOK with 2000 full-colour illustrations, Thames & Hudon | pp. 23 | 10-26 |
| 石山　彰（昭和58年），HISTORY OF FASHION PLATE 20世紀初期，第一刷。文化女子大學圖書館所藏版。文化出版局 | pp. 28 | 10-27 |
| 葉立誠，中西服裝史（2000）。商鼎文化出版 | pp. 289 | 10-28 |
| Elizabeth Ewing (1993), History of TWENTIETH CENTURY FASHION, B. T. BATSFORD LTD London | pp. 82 | 10-29 |
| 石山　彰（昭和58年），HISTORY OF FASHION PLATE 20世紀初期，第一刷。文化女子大學圖書館所藏版。文化出版局 | pp. 46 | 10-30 |
| 石山　彰（昭和58年），HISTORY OF FASHION PLATE 20世紀初期，第一刷。文化女子大學圖書館所藏版。文化出版局 | pp. 48 | 10-31 |
| BLOOMINGDALEBROTHERS, BLOOMINGDALE’S ILLUSTRATED 1886 CATALOG – FASHION DRY GOODS AND HOUSEWARES, Dover Publications Inc., New Yark | pp. 59 | 10-32 |
| Alison Carter (1992), UNDERWEAR The Fashion History, B.T. Bastsford Limited・London | pp. 103 | 10-33 |
| John Peacock (2000), Fashion Accessories – THE COMPLETE 20TH CENTURY SOURCEBOOK with 2000 full-colour illustrations, Thames & Hudon | pp. 48 | 10-34 |
| ELLE（1950）, No 258, 6 November, Hebdomadair imprimé en France | pp. 34 | 10-35 |
| Elizabeth Ewing (1993), History of TWENTIETH CENTURY FASHION, B. T. BATSFORD LTD London | pp. 140 | 10-36 |

| Elizabeth Ewing (1993), History of TWENTIETH CENTURY FASHION, B. T. BATSFORD LTD London | pp. 101 | 10-37 |
|---|---|---|
| ELIZABETH OWEN (1993), FASHION IN PHOTOGRAPHS 1920-1940, ABATSFORD BOOK | pp. 49 | 10-38 |
| www.revampvintage.com | | 10-39 |
| Ellie Laubner (2000), Collectible Fashions of the Turbulent 1930s, Published by Schiffer Publishing Ltd. | pp. 202 | 10-40 |
| Ellie Laubner (2000), Collectible Fashions of the Turbulent 1930s, Published by Schiffer Publishing Ltd. | pp. 208 | 10-41 |
| Regine and Peter W. Engelmeier (1990), Fashion in Film, Prestel, Munich・New York | pp. 117 | 10-42 |
| Regine and Peter W. Engelmeier (1990), Fashion in Film, Prestel, Munich・New York | pp. 117 | 10-43 |
| Ellie Laubner (2000), Collectible Fashions of the Turbulent 1930s, Published by Schiffer Publishing Ltd. | pp.42 | 10-44 |
| ELIZABETH OWEN (1993), FASHION IN PHOTOGRAPHS 1920-1940, ABATSFORD BOOK | pp. 60 | 10-45 |
| FRANÇOIS BAUDOT (1999), FASHIN – THE TWENURY CENT TY, UNIVERSE | pp. 113 | 10-46 |
| ELLE(1956), No 548, 25 JUIN, Hebdomadair imprimé en France | pp. 72 | 10-47 |
| ELLE(1956), No 548, 25 JUIN, Hebdomadair imprimé en France | pp. 14 | 10-48 |
| Jan Lindenberger (1996), Clothing & Accessories from the 40's, 50's, & 60's, Jan Lindenberger | | 10-49 |
| www.ard.de | | 10-50 |
| Gertrud Lehnert(1998), FASHION an illustrated historical overview, BARRON'S | pp. 147 | 10-51 |
| www.museum.state.il.us | | 10-52 |
| www.ace-cafe-london | | 10-53 |
| www.dollrestoration.com | | 10-54 |
| ELLE(1950), No 226, 27 MARS, Hebdomadair imprimé en France | pp.26 | 10-55 |
| KELLY KILLOREN BENSIMON (2004), AMERICAN STYLE, Assouline Publishing, Inc. | | 10-56 |

| | | |
|---|---|---|
| FRANÇOIS BAUDOT (1999), FASHIN – THE TWENURY CENT TY, UNIVERSE | pp. 224 | 10-57 |
| Gerda Buxbaum(1999), Icons of FASHION – THE 20TH CENTURY, PRESTEL Verlag, Munich・London・New York | pp. 90 | 10-58 |
| Gerda Buxbaum(1999), Icons of FASHION – THE 20TH CENTURY, PRESTEL Verlag, Munich・London・New York | pp. 96 | 10-59 |
| FRANÇOIS BAUDOT (1999), FASHIN – THE TWENURY CENT TY, UNIVERSE | pp. 209 | 10-60 |
| Gerda Buxbaum(1999), Icons of FASHION – THE 20TH CENTURY, PRESTEL Verlag, Munich・London・New York | pp. 88 | 10-61 |
| Yvonne Connikie(1994), FASHIONS OF A DECADE – THE 1960S, B. T. Batsford・London | pp. 39 | 10-62 |
| Yvonne Connikie(1994), FASHIONS OF A DECADE – THE 1960S, B. T. Batsford・London | Cover girl | 10-63 |
| Yvonne Connikie(1994), FASHIONS OF A DECADE – THE 1960S, B. T. Batsford・London；Oxford History of Art – Fashion, OXFORD UNIVERSITY PRESS | pp. 27<br>pp. 151 | 10-64A<br>10-64B |
| Regine and Peter W. Engelmeier (1990), Fashion in Film, Prestel, Munich・ New York | pp. 71 | 10-65 |
| Desire Smith(1998), Fashionable Clothing from the Sears Catalogs early 1970s, A Schiffer Book for Collectors & Designers | pp. 42 | 10-66 |
| Regine and Peter W. Engelmeier (1990), Fashion in Film, Prestel, Munich・New York | pp. 121 | 10-67 |
| Mary T. Kidd(1996), Stage Costume, A&C Black・London | pp. 125 | 10-68 |
| www.snowcrest.net | | 10-69 |
| logan.simnet.is | | 10-70 |
| Linda Watson(2003), TWENTIETH CENTURY FASHION, CARLTON BOOKS | pp. 305 | 10-71 |
| Desire Smith(1998), Fashionable Clothing from the Sears Catalogs early 1970s, A Schiffer Book for Collectors & Designers | pp. 84 | 10-72 |
| big5.xinhuanet.com | | 10-73 |
| Linda Watson(2003), TWENTIETH CENTURY FASHION, CARLTON BOOKS | pp. 157 | 10-74 |

| | | |
|---|---|---|
| Tina Skinner(1999), Fashionable Clothing from the Sears Catalogs early 1980s with price guide, A Schiffer Book for Collectors & Designers | pp. 13 | 10-75 |
| Tina Skinner(1999), Fashionable Clothing from the Sears Catalogs early 1980s with price guide, A Schiffer Book for Collectors & Designers | pp. 34 | 10-76 |
| Linda Watson(2003), TWENTIETH CENTURY FASHION, CARLTON BOOKS；Christopher Breward (2003), Oxford History of Art – Fashion, OXFORD UNIVERSITY PRESS | pp. 238 | 10-77A 10-77B |
| VOUGE (1995), VOUGE -Spring Runway Report- January, NORMAN WATERMAN Associate Publisher | pp. 128 | 10-78 |
| Sue Jenkyn Jones (2005), Fashion design, Laurence King Publishing | pp. 61 | 10-79 |
| VOUGE (1995), VOUGE -Spring Runway Report- January, NORMAN WATERMAN Associate Publisher | pp. 171 | 10-80 |
| VOUGE（2004），二月號時尚雜誌國際中文版。創新書報股份有限公司 | pp. 67 | 10-81 |
| VOUGE (1995), VOUGE -Spring Runway Report- January, NORMAN WATERMAN Associate Publisher | pp. 111 | 10-82 |
| VOUGE（2004），二月號時尚雜誌國際中文版。創新書報股份有限公司；Oxford History of Art – Fashion, OXFORD UNIVERSITY PRESS | pp. 310；pp. 237 | 10-83A 10-83B |

（請由此線剪下）

# 歡迎加入 全華會員

## ● 會員獨享

會員享購書折扣、紅利積點、生日禮金、不定期優惠活動…等。

## ● 如何加入會員

填妥讀者回函卡直接傳真（02）2262-0900 或寄回，將由專人協助登入會員資料，待收到 E-MAIL 通知後即可成為會員。

# 如何購買 全華書籍

## 1. 網路購書

全華網路書店「http://www.opentech.com.tw」，加入會員購書更便利，並享有紅利積點回饋等各式優惠。

## 2. 全華門市、全省書局

歡迎至全華門市（新北市土城區忠義路 21 號）或全省各大書局、連鎖書店選購。

## 3. 來電訂購

(1) 訂購專線：(02) 2262-5666 轉 321-324
(2) 傳真專線：(02) 6637-3696
(3) 郵局劃撥（帳號：0100836-1　戶名：全華圖書股份有限公司）
※　購書未滿一千元者，酌收運費 70 元。

全華網路書店 www.opentech.com.tw
E-mail: service@chwa.com.tw

※ 本會員制如有變更則以最新修訂制度為準，造成不便請見諒。

| 廣　告　回　信 |
| --- |
| 板橋郵局登記證 |
| 板橋廣字第540號 |

行銷企劃部　收

23671
新北市土城區忠義路21號
全華圖書股份有限公司

（請由此線剪下）

# 讀者回函卡

填寫日期：　／　／

姓名：＿＿＿＿　生日：西元＿＿年＿＿月＿＿日　性別：□男 □女

電話：（　）＿＿＿＿　傳真：（　）＿＿＿＿　手機：＿＿＿＿

e-mail：（必填）

註：數字零，請用 Φ 表示，數字 1 與英文 L 請另註明並書寫端正，謝謝。

通訊處：□□□□□

學歷：□博士　□碩士　□大學　□專科　□高中・職

職業：□工程師　□教師　□學生　□軍・公　□其他

學校／公司：＿＿＿＿　科系／部門：＿＿＿＿

・需求書類：

□ A. 電子 □ B. 電機 □ C. 計算機工程 □ D. 資訊 □ E. 機械 □ F. 汽車 □ I. 工管 □ J. 土木

□ K. 化工 □ L. 設計 □ M. 商管 □ N. 日文 □ O. 美容 □ P. 休閒 □ Q. 餐飲 □ B. 其他

・本次購買圖書為：＿＿＿＿　書號：＿＿＿＿

・您對本書的評價：

封面設計：□非常滿意　□滿意　□尚可　□需改善，請說明

內容表達：□非常滿意　□滿意　□尚可　□需改善，請說明

版面編排：□非常滿意　□滿意　□尚可　□需改善，請說明

印刷品質：□非常滿意　□滿意　□尚可　□需改善，請說明

書籍定價：□非常滿意　□滿意　□尚可　□需改善，請說明

整體評價：請說明

・您在何處購買本書？

□書局　□網路書店　□書展　□團購　□其他

・您購買本書的原因？（可複選）

□個人需要　□幫公司採購　□親友推薦　□老師指定之課本　□其他

・您希望全華以何種方式提供出版訊息及特惠活動？

□電子報　□ DM　□廣告（媒體名稱＿＿＿＿）

・您是否上過全華網路書店？（www.opentech.com.tw）

□是　□否　您的建議

・您希望全華出版那方面書籍？

・您希望全華加強那些服務？

～感謝您提供寶貴意見，全華將秉持服務的熱忱，出版更多好書，以饗讀者。

全華網路書店 http://www.opentech.com.tw　　客服信箱 service@chwa.com.tw

2011.03 修訂

親愛的讀者：

感謝您對全華圖書的支持與愛護，雖然我們很慎重的處理每一本書，但恐仍有疏漏之處，若您發現本書有任何錯誤，請填寫於勘誤表內寄回，我們將於再版時修正，您的批評與指教是我們進步的原動力，謝謝！

全華圖書　敬上

## 勘　誤　表

| 書　號 | | 書　名 | | 作　者 | |
|---|---|---|---|---|---|
| 頁　數 | 行　數 | 錯誤或不當之詞句 | | 建議修改之詞句 | |
| | | | | | |
| | | | | | |
| | | | | | |
| | | | | | |
| | | | | | |
| | | | | | |
| | | | | | |
| | | | | | |
| | | | | | |

我有話要說：（其它之批評與建議，如封面、編排、內容、印刷品質等・・・）

西洋服裝史 / 蔡宜錦編著 . -- 二版 . -- 新北市 :
全華圖書 , 民 100.12
面； 公分
ISBN 978-957-21-8354-0( 平裝 )

1. 服裝 2. 服飾 3. 西洋史

423.094 100026728

# 西洋服裝史

編　　者／蔡宜錦
執行編輯／蔡瑋璇
發 行 人／陳本源
出 版 者／全華圖書股份有限公司
郵政帳號／0100836-1號
印 刷 者／宏懋打字印刷股份有限公司
圖書編號／0807201
二版三刷／2019年2月
定　　價／新臺幣550元
I S B N／978-957-21-83540
全華圖書／www.chwa.com.tw
全華網路書店 Open Tech／www.opentech.com.tw
若您對書籍內容、排版印刷有任何問題，歡迎來信指導book@chwa.com.tw

臺北總公司（北區營業處）
地址：23671新北市土城區忠義路21號
電話：(02) 2262-5666
傳真：(02) 6637-3695、6637-3696

南區營業處
地址：80769高雄市三民區應安街12號
電話：(07) 862-9123
傳真：(07) 862-5562

中區營業處
地址：40256臺中市南區樹義一巷26號
電話：(04) 2261-8485
傳真：(04) 3600-9806